SCIENCE & HUMANITIES

走向数学丛书

冯克勤／主编

走向数学

拉姆塞理论

——入门和故事

RAMSEY THEORY—
INTRODUCTION AND STORIES

李乔　李雨生

著

大连理工大学出版社

图书在版编目(CIP)数据

拉姆塞理论：入门和故事 / 李乔，李雨生著. -- 大连：大连理工大学出版社，2023.1

（走向数学丛书 / 冯克勤主编）

ISBN 978-7-5685-4127-5

Ⅰ．①拉… Ⅱ．①李… ②李… Ⅲ．①拉姆塞理论 Ⅳ．①O157

中国国家版本馆 CIP 数据核字(2023)第 003595 号

拉姆塞理论：入门和故事

LAMUSAI LILUN:RUMEN HE GUSHI

大连理工大学出版社出版

地址：大连市软件园路 80 号　邮政编码：116023
发行：0411-84708842　邮购：0411-84708943　传真：0411-84701466
E-mail：dutp@dutp.cn　URL：https://www.dutp.cn
辽宁新华印务有限公司印刷　　　　大连理工大学出版社发行

幅面尺寸：147mm×210mm　　印张：7.5　　字数：165 千字
2023 年 1 月第 1 版　　　　　　2023 年 1 月第 1 次印刷

责任编辑：王　伟　　　　　　　　　责任校对：周　欢
封面设计：冀贵收

ISBN 978-7-5685-4127-5　　　　　　　定　价：69.00 元

本书如有印装质量问题，请与我社发行部联系更换。

"走向数学"丛书

陈省身题

科技强国、数学百本

吴文俊

2010.1.10

SCIENCE
&
HUMANITIES

走向数学丛书

编 写 委 员 会

丛书主编　冯克勤

丛书顾问　王　元

委　　员（按汉语拼音排序）

巩馥洲　李文林　刘新彦

孟实华　许忠勤　于　波

续编说明

自从 1991 年"走向数学"丛书出版以来,已经出版了三辑,颇受我国读者的欢迎,成为我国数学传播与普及著作的一个品牌.我想,取得这样可喜的成绩主要原因是:中国数学家的支持,大家在百忙中抽出宝贵时间来撰写此丛书;天元基金的支持;与湖南教育出版社出色的出版工作.

但由于我国毕竟还不是数学强国,很多重要的数学领域尚属空缺,所以暂停些年不出版亦属正常.另外,有一段时间来考验一下已经出版的书,也是必要的.看来考验后是及格了.

中国数学界屡屡发出继续出版这套丛书的呼声.大连理工大学出版社热心于继续出版;世界科学出版社(新加坡)愿意出某些书的英文版;湖南教育出版社也乐成其事,尽量帮忙.总之,大家愿意为中国数学的普及工作尽心尽力.在这样的大好形势下,"走向数学"丛书组成了以冯克勤教授为主编的编委会,领导继续出版工作,这实在是一件大好事.

首先要挑选修订、重印一批已出版的书;继续组稿新书;由于我国的数学水平距国际先进水平尚有距离,我们的作者应面向全世界,甚至翻译一些优秀著作.

我相信在新的编委会的领导下,丛书必有一番新气象.

我预祝丛书取得更大成功.

王 元

2010 年 5 月于北京

编写说明

从力学、物理学、天文学，直到化学、生物学、经济学与工程技术，无不用到数学. 一个人从入小学到大学毕业的十六年中，有十三四年有数学课. 可见数学之重要与其应用之广泛.

但提起数学，不少人仍觉得头痛，难以入门，甚至望而生畏. 我以为要克服这个鸿沟还是有可能的. 近代数学难于接触，原因之一大概是其符号、语言与概念陌生，兼之近代数学的高度抽象与概括，难于了解与掌握. 我想，如果知道讨论对象的具体背景，则有可能掌握其实质. 显然，一个非数学专业出身的人，要把数学专业的教科书都自修一遍，这在时间与精力上都不易做到. 若停留在初等数学水平上，哪怕做了很多难题，似亦不会有助于对近代数学的了解. 这就促使我们设想出一套"走向数学"小丛书，其中每本小册子尽量用深入浅出的语言来讲述数学的某一问题或方面，使工程技术人员、非数学专业的大学生,甚至具有中学数学水平的人,亦能懂得书中全部或部分含义与内容.这对提高我国人民的数学修养与水平,可能会起些作用.显然,要将一门数学深入浅出地讲出来,绝非易事.首先要对这门数学有深入的研究与透彻的了解.从整体上说,我国的数学水平还不高,能否较好地完成这一任务还难说.但我了解很多数学家的积极性很高,他们愿意为"走向数学"丛书撰稿.这很值得高兴与欢迎.

承蒙国家自然科学基金委员会、中国数学会数学传播委员会与湖南教育出版社的支持,得以出版这套"走向数学"丛书,谨致以感谢.

王　元

1990 年于北京

前　言

弗兰克·普兰普顿·拉姆塞(Frank Plumpton Ramsey,1903—1930)堪称旷世奇才.他在世只有 27 年,却在多门学科留下了不少至今还在被人钻研开发的深刻成果.本书附录中的第一篇短文概要介绍了他的生平业绩,不妨先读。他在 1928 年证明的一个数学定理被世人称作拉姆塞定理,而以这个定理为主根的数学理论则被命名为拉姆塞理论。

从学科分类上说,拉姆塞理论属于组合数学(也称组合学).三位当代组合数学名家是这样说的:

"假如要求在组合学中举出一个而且仅仅一个精美的定理,那么大多数组合学家会提名拉姆塞定理."

——吉安-卡洛·罗塔(Gian-Carlo Rota)

"数学常常被称作关于秩序的科学. 根据这种观点, 拉姆塞理论的主导精神也许可以用 T. S. 莫兹金(T. S. Motzkin)的一句格言来做最好的概括: 完全的无序是不可能的."

——罗纳德·葛立恒(Ronald Graham)

"毫无疑问,'拉姆塞理论'现在是组合学中一个业已确立且兴旺发达的分支. 其结果(在被发现后)往往易于陈述但难以证明; 这些结果既精巧多彩, 又十分优美. 尚未解决的问题不可胜数, 而且有意义的新问题还在以超过老问题获解的速度不断涌现."

——弗兰克·哈拉里(Frank Harary)

我觉得拉姆塞理论是数学世界的一株奇葩, 它至少具有下面三个引人注目的特点:

(1)它有相当鲜明的哲学主导思想. 精练地说就是格雷厄姆所引用的那句话: 完全的无序是不可能的.

(2)它非常质朴. 所研究的问题、所得到的结论连同结论的证明等主要内容, 只需要用很少一点数学概念就能表述, 甚至还可以完全用日常用语来陈述其绝大部分精彩结果.

(3)它是一门面向未来的学科. 这不仅仅是指上面引用的哈拉里那段话中最后一句所说的那种意思, 更主要的是这个理论从一个方面向人们展示了未知数学世界的浩渺无垠. 数学家普遍认为, 我们还只是刚刚开始探索拉姆塞理论的真谛和影响.

与上面所说的一切形成强烈对照的是拉姆塞其人和以他命名的数学理论在关心数学的人们心目中的默默无闻的状况. 有感于此, 虽自知才疏学浅, 难以描绘出这株奇葩的神韵, 仍不揣浅陋, 勉力写成这本小书. 希望通过它能让更多人了解拉姆塞和以他命名的数学理论.

书中内容为入门性质, 但符号力求国际化, 可能产生歧义的我们加以说明. 拉姆塞理论的研究, 近年来常被一些数学大奖垂青. 数学中一些问题, 特别是离散数学中的一些通俗易懂但又无法用初等方法求解的问题, 其研究过程往往曲折: 研究者的大多数进展对问题的解决本身不尽理想, 但这些成果在其他方面别有一番景象, 真所谓天道酬勤. 有些幸运的是, 拉姆塞理论中的许多问题正是这类问题, 它们的研究表现出勃勃生机和无限魅力. 有鉴于此, 要是这本小书能为初学者提供一块垫脚石, 我们将以此为傲!

读懂本书主要内容几乎不需要专门的数学知识, 在气定神闲时分, 随兴通篇翻阅. 初读时兴趣不大的内容, 不妨先跳过以保持阅读的连贯性. 拉姆塞理论 (Ramsey Theory) 本身气象万千, 愿这本小书能引起您的兴趣, 从而带给您一些神游数学世界的感受.

感谢中国组合数学和图论学会理事长、同济大学邵嘉裕教授,他曾多次赐教且修改部分章节.

路漫漫其修远兮,吾将上下而求索.愿读者在探索过程中快乐工作,贡献成果.感谢读者的耐心和付出的时间.

目　录

引　子　抽屉原理

"任取三粒围棋子,其中必有二子同色."

"任意 13 个人中,一定有二人在同一月份出生."

"从任意三双鞋中任取四只,其中一定有左右相配的一双鞋."

……

对上面所说的这些结论,大家只要稍加思索,就会点头称是.不仅如此,大家肯定还能根据同样的"原理"编造出许许多多新命题.大家都有所领会的这个"原理"究竟是什么呢？它的一般情形可以用形象的语言表述为:

"把多于 n 个东西任意分放进 n 个空抽屉,那么一定有一个抽屉中放进了至少两个东西."

我们把这个原理叫作"抽屉原理".19 世纪的德国数学家 P. G. 狄利克雷（P. G. Dirichlet,1805—1859）曾明

确地把这个原理用于数学证明(见下面的命题 0.0),并把它叫作抽屉原理.抽屉原理的一种更一般的说法是:

"把多于 $k \times n$ 个东西任意分放进 n 个空抽屉,那么一定有一个抽屉中放进了至少 $k+1$ 个东西."

这个结论很容易证明,因为经数量化后,它所说的无非是这样一个简单的算术命题:

"对于任意一组数值来说,不可能其中每个数值都小于这组数的平均值."

以前没听说过这个原理的读者一定会问:这样简单的原理也有用吗? 以前对它有所了解的读者也一定知道,利用它可以解决或编造出很多巧妙的问题.

下面我们举几个至少可以说是不平凡的结论,而抽屉原理是证明这些结论的关键所在.这类例子很多,我们不想在这个方面多费笔墨,因为抽屉原理仅仅是展开这本小书主题的一个引子.说它是引子,因为它符合主题的精神,而且也确实是拉姆塞定理的一个平凡特款——读者往后会更具体地理解这些话的意思;它也只能充当引子,因为以后要讲到的每个定理都远比它深刻,抽屉原理至多只能算是拉姆塞理论的一个"远祖".

第一个例子正是抽屉原理因此得名的那个结果,这是狄利克雷在 1842 年证明的关于用有理数逼近实数的一个著名结论.

命题 0.0　对任一给定的实数 x 和正整数 n，一定存在正整数 $p \leqslant n$ 和整数 q，使得

$$|p \times x - q| < \frac{1}{n}.$$

证明　把实区间 $[0, 1)$ 等分成 n 个左闭右开的区间 $\left[\frac{i-1}{n}, \frac{i}{n}\right) (i = 1, 2, \cdots, n)$，它们成为 n 个"抽屉"．再考察 $n+1$ 个实数 $mx - \lfloor mx \rfloor (m = 0, 1, \cdots, n$，这里用 $\lfloor a \rfloor$ 表示 $\leqslant a$ 的最大整数$)$，它们显然都在实数区间 $[0, 1)$ 之中．根据抽屉原理，这 $n+1$ 个数中一定有两个属于同一"抽屉"，即一定有正整数 $i \leqslant n$ 和非负整数 $m' < m'' \leqslant n$，使得

$$m'x - \lfloor m'x \rfloor \text{和} m''x - \lfloor m''x \rfloor \text{都属于} \left[\frac{i-1}{n}, \frac{i}{n}\right).$$

从而有

$$|(m'' - m')x - (\lfloor m''x \rfloor - \lfloor m'x \rfloor)| < \frac{1}{n},$$

取 $p = m'' - m', q = \lfloor m''x \rfloor - \lfloor m'x \rfloor$，即得命题．　　□

命题 0.1　任一分数 a/b 写成十进位小数时，不是有限位小数就是无限位循环小数；在后一情形，其循环周期（最小循环节之长）小于 b．

证明　不妨设 $b > a > 0$．把 a/b 写成十进位小数后，小数点后的第 i 位数记成 $c_i (i = 1, 2, \cdots)$，即

$$a/b = 0. c_1 c_2 \cdots c_i c_{i+1} \cdots$$

再记 $x_i = c_1 c_2 \cdots c_i$，$x_i' = 0. c_{i+1} c_{i+2} \cdots$，则有

$$(a/b) \times 10^i = x_i + x_i', \quad bx_i' = a \times 10^i - b \times x_i.$$

如果 $x_i' = 0$，则 a/b 是有限位小数；否则 $0 < x_i' < 1$. 记 $y_i = bx_i'$，则 y_i 是 1 和 $b-1$ 之间的整数，它们总共只有 $b-1$ 个可能值. 因为这个性质对 $i = 1, 2, \cdots$ 都成立，根据抽屉原理，b 个整数 $y_1, y_2, \cdots, y_b$ 中一定有两个相等，即一定有整数 $1 \leqslant j < k \leqslant b$，使得 $y_j = y_k$，从而 $x_j' = x_k'$. 记 $k = j + p$，则有等式

$$x_j' = 0. c_{j+1} \cdots c_{j+p+1} \cdots c_{j+2p+1} \cdots$$
$$= x_{j+p}' = 0. c_{j+p+1} \cdots c_{j+2p+1} \cdots c_{j+3p+1} \cdots$$

上述等式说明小数 $0. c_1 \cdots c_j c_{j+1} \cdots$ 是从小数点后第 $j+1$ 位起以周期 p 做循环的循环小数，其中周期 $p < b$. $\qquad\square$

命题 0.2 从整数 $1, 2, \cdots, 199, 200$ 中任取 101 个数，则其中一定有一个数整除另一个数.

证明 对任意一个正整数 n，把它的所有 2 因子提出来后，即可写成 $n = 2^r \times q$ 的形式，这里 r 是非负整数，q 是正奇数，而且这种 r 和 q 是由 n 所唯一确定的. 例如，$12 = 2^2 \times 3$，$15 = 2^0 \times 15$，等等. 我们把这个 q 称为 n 的奇因数. 显然，对每个 $n \leqslant 200$，它的奇因数 $q \leqslant 199$. 因此从 1 到 200 中任意取出的 101 个数的奇因数都属于 $\{1, 3, 5, \cdots, 199\}$ 这个由 100 个奇数组成的集（100 个抽屉！）. 所以根据抽屉原理，这 101 个数中一定有两个数的奇因数相同. 记这两个数

为 $a=2^r\times q$ 和 $b=2^s\times q, r\neq s$. 若 $r<s$, 则 a 整除 b.　　□

我们对命题 0.2 做两点有意义的补充:

(1)如把命题中的"任取 101 个数"改成"任取 100 个数",则命题不再成立.

因为可以取这样的 100 个数:$101,102,\cdots,200$. 这时其中显然不可能有一个数整除另一个数. 这说明命题 0.2 的证明虽然看上去很松散,但实际上为了得到命题所说的结论,其假设条件已不能再减弱了.

(2)用同样的方法可以证明更为一般的命题:

命题 0. 2′　从整数 $1,2,\cdots,2n-1,2n$ 中任取 $n+1$ 个数,则其中一定有一个数整除另一个数. 而且如把"任取 $n+1$ 个数"改成"任取 n 个数",则命题不再成立.　　□

如果说命题 0.1、命题 0.2(0.2′)并不平凡,那么下面两个命题也许更有意思.

命题 0.3 要讨论的是一个可以用日常生活语言来说明的饶有趣味的问题. 假设 $m\times n$ 个学生面向北排成 m 行、n 列的矩形队列,老师每次都是这样来整队的:先把每一行调整成自西向东由低到高的次序,分别把 m 个行都如此调整完后,再把每一列调整成自北向南由低到高的次序,这样把 n 个列又都分别调整完毕后,老师根据经验相信这时每一行的次序没有被搅乱——仍保持自西向东由低到高的次序. 虽然屡试不爽,但老师总担心,说不定哪次这样先逐行、后逐列调整完的队列中,某些行的高低次序又被搅乱了,这种担心是多余的吗?

我们先做一次试验. 取 $m=4, n=6$, 24 名学生的高度一共有 13 种,从低到高用数 $1, 2, \cdots, 13$ 来代表. 调整前、各行调整完以及各列也调整完毕时的情况如图 0-1 所示.

12	5	13	9	4	7
3	5	1	4	6	1
5	3	3	2	9	8
10	10	7	11	6	13

(a)调整前

4	5	7	9	12	13
1	1	3	4	5	6
2	3	3	5	8	9
6	7	10	10	11	13

(b)各行调整完后

1	1	3	4	5	6
2	3	3	5	8	9
4	5	7	9	11	13
6	7	10	10	12	13

(c)最后调整各列

图 0-1

试验结果说明高低次序未被搅乱! 下面我们来证明这是一个一般成立的数学命题. 为简单明了,我们不重复前面的那段叙述,把命题简写成

命题 0.3 对任意一个 $m \times n$ 的矩形阵列先逐行、再逐列调整次序后,各行的次序都未被搅乱.

证明 用反证法. 假设在各列都调整完后有某一行的次序被搅乱,比如说在第 i 行上第 j 列处的 A 比第 k 列处的 B 高,但 $j<k$(图 0-2). 在第 j 列上从 A 往下(往南)共有 $m-i+1$ 名学生,记这组学生为 A 后组;在第 k 列上从 B 往上共有 i 名学生,记这组学生为 B 前组.

因为各列都已调整成从上往下由低到高的次序,而且 A 比 B 高,所以 A 后组的任一成员都比 B 前组的任一成员

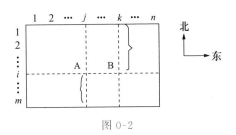

图 0-2

高.现在回过来设想各行都已调整好,但尚未开始调整各列时的状况.这时 A 后组的 $m-i+1$ 名成员分别位于第 j 列的某 $m-i+1$ 个行上,而 B 前组的 i 名成员则分别位于第 k 列的某 i 个行上.根据抽屉原理(其实可以不必这样郑重其事地说这句话,但这一步确实是证明的要紧处,而它也确实是抽屉原理.证明的关键是想到"A 后组"和"B 前组",难道不可说它们正是受抽屉原理的"启发"才想到的吗?),一定有 A 后组的一名成员 A′和 B 前组的一名成员 B′位于同一行,但 A′站位于 B′之西,A′却比 B′高! 这与各行都已调整好的事实相矛盾,从而完成了反证法. □

我们要讲的最后一个数学命题更富于拉姆塞理论的精神,它是著名的匈牙利数学家 P. 埃尔德什(P. Erdös,1913—1996)和 G. 塞克尔斯(G. Szekeres,1911—2005)在1935 年最早发现的.

命题 0.4 设把 n^2+1 个不同的(实)数任意排成数列

$a_1, a_2, \cdots, a_{n^2+1}$，那么在这个数列中，一定或者含至少 $n+1$ 项的递增子数列，或者含至少 $n+1$ 项的递减子数列.（例如 $n=3$ 时的一个 10 项数列 $6,5,9,3,8,2,1,7,10,4$ 中，含有 4 项递减子数列 $9,8,7,4$，虽然它的每个递增子数列都至多只有 3 项.）

证明 先从头开始找项数最多的递增子数列. 记以 a_1 为首项的所有递增子数列中项数的最大值为 p_1，如果 $p_1 \geqslant n+1$，则已得结论；否则再考察以 a_2 为首项的递增子数列，一般地，记以 a_i 为首项的所有递增子数列中项数的最大值为 $p_i (i=1,2,\cdots)$. 如有某个 $p_i \geqslant n+1$，则已得结论；否则 n^2+1 个正整数 $p_1, p_2, \cdots, p_{n^2+1}$ 都在 1 和 n 之间（n 个抽屉！）. 根据（较一般形式的）抽屉原理，这 n^2+1 个数中一定有 $n+1$ 个彼此相等，记它们是 $p_{i_1} = p_{i_2} = \cdots = p_{i_{n+1}}$，其中 $i_1 < i_2 < \cdots < i_{n+1}$. 这时不可能有 $a_{i_1} < a_{i_2}$，因为从 $a_{i_1} < a_{i_2}$ 可以推出 $p_{i_1} \geqslant p_{i_2} + 1$；但因 $a_{i_1} \neq a_{i_2}$，故必有 $a_{i_1} > a_{i_2}$. 同理可证 $a_{i_2} > a_{i_3}, \cdots, a_{i_n} > a_{i_{n+1}}$，也就是说，$a_{i_1}, a_{i_2}, \cdots, a_{i_{n+1}}$ 是 $n+1$ 项的递减子数列. $\qquad\square$

对命题 0.4 也可以做两点有意义的补充：

(1)命题的结论在下述意义上说是不能改进的：我们可以找到用 n^2 个不同的数所排成的数列，其中既不含有多于 n 项的递增子数列，又不含有多于 n 项的递减子数列. 例如，在 $n=4$ 时，16 项数列 $4,3,2,1,8,7,6,5,12,11,10,9,$

16,15,14,13 就具有这种性质.读者不难仿此构造出具有这种性质的 n^2 项数列来.

(2)可以把命题中 n^2+1 个数两两不同的要求去掉,这时相应的结论是:

命题 0.4′ 设把 n^2+1 个(实)数任意排成数列 $a_1, a_2, \cdots, a_{n^2+1}$,那么在这个数列中,一定含至少 $n+1$ 项的单调子数列.[所谓子数列 $a_{i_1}, a_{i_2}, \cdots, a_{i_p}$ 是单调的,意思是 $i_1 < i_2 < \cdots < i_p$,但或者有 $a_{i_1} \leqslant a_{i_2} \leqslant \cdots \leqslant a_{i_p}$(称为单调不减),或者有 $a_{i_1} \geqslant a_{i_2} \geqslant \cdots \geqslant a_{i_p}$(称为单调不增).] □

关于抽屉原理及其应用就讲这些.初次与它相识的读者读到这里也许会同意前面所言非虚.不过再说一次:这些只能当作开场锣鼓,角色还没登场呢.

习 题

1. 证明一般的抽屉原理:"把多于 $\sum_{i=1}^{n}(k_i-1)$ 个东西分放进标号为 $1, 2, \cdots, n$ 的 n 个抽屉,那么一定有一个标号 i,使得在标号为 i 的抽屉中放进了至少 k_i 个东西."

2. 证明命题 0.2′.

3. 从数 $1, 2, \cdots, 199, 200$ 中任取 102 个数,从小到大依次记为 $n_1, n_2, \cdots, n_{102}$.证明下列 101 个数 $n_1+n_2, n_1+n_3, \cdots, n_1+n_{102}$

中一定有一个等于所取的 102 个数之一.

4. 在上题中把"任取 102 个数"改成"任取 101 个数"后,相应的结论是否成立?

5. 证明命题 0.4 的下述推广成立:"由 $m \times n + 1$ 个不同的数任意排列成的数列中,或者含有 $m + 1$ 项的递增子数列,或者含有 $n + 1$ 项的递减子数列."

一　拉姆塞定理

§1.1　六人集会问题

这是一个传播很广的数学竞赛题.有据可查的正式出处是:它曾刊登在《美国数学月刊》(*The Amer. Math. Monthly*,1958 年 6/7 月号,问题 E1321)上.问题是这样提的:"证明在任意六个人的集会上,或者有三个人以前彼此相识,或者有三个人以前彼此不相识."

对拉姆塞理论做出过实实在在贡献的著名美国组合学家 J. 斯宾塞(J. Spencer)在 1983 年描写了他第一次得知这个问题——也是他第一次接触拉姆塞理论——时的情景:

"当时我在中学读书.得知这个问题后,我回家花了很多时间才费劲地搞出了一个分很多种情况来讨论的冗长证明.我把我的证明带给老师,老师就给我看下面这个简单明了的标准证明:(在平面上用六个点 A,B,C,D,E,F 代表集会的六个人,其中二人若早已相识,则在代表这二人的两点间连一条红边;否则连一条蓝边.这样把每一对点都用红边或蓝边连好后,原来的问题就等于要证明,这时或者有红边三角形,或者有蓝边三角形.)考察从某一点,设为 F,连出的五条边,其中必有三条同色,不妨设它们是三条红边 FA,FB 和 FC.再看三角形 ABC.如果它有一条红边,设为 AB,则 FAB 是红边三角形;如果三角形 ABC 没有红边,则它自身就是蓝边三角形.证毕.此论证之简单扼要当时使我非常欣喜,至今依然如此."

上述六人集会问题虽然产生于拉姆塞定理的几十年后,但它的确是拉姆塞定理的一个最简单的非平凡特例.而且我们往后会看到,这个简单问题的证明思想可用来得到另外一些更深入的结论.后面这点正印证了著名匈牙利数学家和数学教育家 G. 波利亚(G. Pólya,1887—1985)的一句名言:"能用一次的想法只不过是一个窍门,能用一次以上它就成为一种方法了."

"六人集会问题"的一种最直接的推广是"n 人集会问题".在对这种推广做具体讨论之前,同样也为了讨论拉姆塞理论的其他内容,我们在这里先把那种成功地用来解决"六人集会问题"的很直观的数学表述方式一般化.所以,我们先介绍一些最基本的图论概念.

设在某个集合 V 上有一种二元关联关系.也就是说,对 V 的两个任意给定的元素 x 和 y,根据所给的关联关系

可以确定 x 和 y 是（互相）关联还是不关联，但二者不能同时成立．举例来说，V 是集会的六人，关联关系是"以前彼此相识"．这种由集合 V 及其上给定的一种二元关联关系所构成的总体就叫作一个图．这里的"图"主要是"关系图""联络图"的意思，但也有"图像""图形"的含义．因为通常用平面上的点来代表 V 的元，如果两个元互相关联，则用一条（直或曲）线连接代表它们的两点，这条线也叫作连接这两点的边．这样，一个图就可以用平面上的一组点以及连接其中某些点对的边来直观形象地图示．

如果在 n 个点的一个图中，任意一对点都有边相连（这相当于 V 中任意两个元素都互相关联；在集会的例子中，这表示 n 个朋友的一次集会），则这个图叫作 n 点完全图，记为 K_n．下面是 $n = 2, 3, 4, 5, 6$ 时 K_n 的图示（图 1-1）．其中 K_2 就是两点一边．K_3 是三边形，也称三角形．

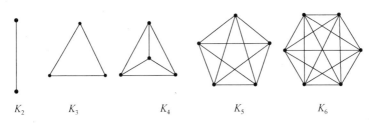

图 1-1

用图的语言可以把六人集会问题的结论表述为："把 K_6 的每一边任意地染成红色或蓝色后，在 K_6 中或者含有（各边都是）红色的 K_3，或者含有蓝色的 K_3．"下面对这个结论做一些重要的补充说明.

(1)如果把 K_6 换成 K_n,这里的 $n>6$,则结论仍然成立.但如果把 K_6 换成 K_5,则结论不再成立.因为我们对 K_5 的边做如图 1-2 所示的染色后,其中既没有红色的 K_3,又没有蓝色的 K_3.

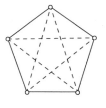

实边表示红边
虚边表示蓝边

图 1-2

(2)"红"和"蓝"这两种具体颜色无关紧要,只要是两种不同的颜色就行.因为真正的意思是把 K_6 的所有边拆分成两部分,我们把其中每一部分的边形象地说成具有某一种颜色不过是更生动直观一些,而且意思也非常精确."把图的每一边染成所指定的两种色之一"这件事今后简单地说成"对图的边做 2-染色".所以六人集会问题的结论可以说成"对 K_6 的边做任意 2-染色后,K_6 中一定含有单色的 K_3."n 人集会问题是问:对 K_n 的边做任意 2-染色后,K_n 中一定会含有什么样的单色图? 比方说,是不是一定含有单色的 K_4? 下一节要讲的拉姆塞定理的一种简单情形对这个 n 人集会问题给出了一个一般的正面回答.

§1.2　拉姆塞定理（简式）

对给定的正整数 $p,q \geqslant 2$，是不是只要 n 足够大就一定能保证，在把 K_n 的每一边任意染成红色或蓝色后，K_n 中一定或者含有全是红边的 K_p，或者含有全是蓝边的 K_q？（读者可以用 n 人集会问题的语言来表述这个问题，这里就不这样做了.）

首先我们很容易看到，如果 $n=n_0$ 时上述问题有肯定回答，那么对大于 n_0 的每个 n 也都有肯定回答. 所以真正的问题在于是否一定存在这样一个 n_0？拉姆塞定理肯定地回答了这种 n_0 的存在性问题. 对给定的 p 和 q，在存在这种 n_0 的前提下，我们可以明确地定义这种正整数 n_0 的最小值，它由 p 和 q 所完全确定，现记成 $R(p,q)$. $R(p,q)$ 叫作拉姆塞数. 事实上我们已经知道了一些拉姆塞数：从对六人集会问题的讨论可以得知，$R(3,3)=6$. 此外，直接根据上述定义不难得知 $R(2,q)=q, R(p,2)=p$. 比如拿 $R(2,q)$ 来说，对 K_q 的边做任意的红、蓝染色后，或者其中有红边——也就是有红边的 K_2；而如果没有任何红边，则全是蓝边——也就是有（全是）蓝边的 K_q，所以 $R(2,q) \leqslant q$. 另一方面，如果把 K_{q-1} 的边全染成蓝色，则其中既没有红边的 K_2，也没有蓝边的 K_q，所以 $R(2,q) > q-1$. 于是 $R(2,q)=q$（事实上用同样的推理可得一般的结论：$R(p,q) \geqslant p,q$）. 同理可知 $R(p,2)=p$. 利用这些概念、记号和事实，我们来提出并证明本节的主要结论. 而且可以先告诉大家,下述证明的最关键的想法和证明六人集会问题的结论完全相同.

定理 1.2.1[拉姆塞定理(简式)] 对任意给定的正整数 $p,q \geqslant 2$,数 $R(p,q)$ 存在;而且当 $p,q \geqslant 3$ 时,它们满足不等式

$$R(p,q) \leqslant R(p-1,q) + R(p,q-1). \tag{1}$$

证明 已经知道 $R(2,q)=q,R(p,2)=p$ 和 $R(3,3)=6$. 现在从这些等式出发对 $p+q$ 用归纳法证明 $R(p,q)$ 存在并且满足式(1).

当 $p,q \geqslant 3,p+q=6$ 时,$p=q=3$,且有

$$R(3,3)=6 \leqslant R(2,3)+R(3,2)=6.$$

假设当 $p,q \geqslant 3,6 \leqslant p+q < m$ 时 $R(p,q)$ 存在且式(1)成立. 现证 $p,q \geqslant 3,p+q=m$ 时 $R(p,q)$ 存在且式(1)成立. 这等价于证明下述结论(*)成立.

(*)令 $n=R(p-1,q)+R(p,q-1)$,则把 K_n 的每边任意染成红色或蓝色后,在 K_n 中一定或者含有红边的 K_p,或者含有蓝边的 K_q.

下面证明结论(*). 任意取定 K_n 的一点,记为 x. 则在 K_n 中共有 $n-1=R(p-1,q)+R(p,q-1)-1$ 条边与 x 相连. 根据抽屉原理,下列结论(i)与(ii)中至少有一个成立:

(i)这 $n-1$ 条边中有 $R(p-1,q)$ 条红边;

(ii)这 $n-1$ 条边中有 $R(p,q-1)$ 条蓝边.

如果(i)成立,则通过这 $n_1=R(p-1,q)$ 条红边与 x 相连的 n_1 个点所构成的完全图 K_{n_1} 中,根据归纳假设,或者有蓝边的 K_q——从而(*)成立;或者有红边的 K_{p-1}——在它之上添加点 x 以及与 x 相连的 $p-1$ 条红边(因为 $R(p-1,q)\geqslant p-1$)后即得红边的 K_p,(*)也成立.

类似地,如果(ii)成立,则通过这 $n_2=R(p,q-1)$ 条蓝边与 x 相连的 n_2 个点所构成的完全图 K_{n_2} 中,根据归纳假设,或者有红边的 K_p——从而(*)成立;或者有蓝边的 K_{q-1}——在它之上添加点 x 以及与 x 相连的 $q-1$ 条蓝边(因为 $R(p,q-1)\geqslant q-1$)后即得蓝边的 K_q,(*)也成立.

所以结论(*)得证,从而完成了定理的归纳法证明.□

上述拉姆塞定理的证明是埃尔德什和塞克尔斯在 1935 年研究一个几何问题时给出的.他们当时并不知道拉姆塞已在 1930 年发表的、现在以他的名字来命名的定理(参看§2.2).注意这个定理的主要结论是定性的:肯定了数 $R(p,q)$ 一定存在.而在证明这个定性结论时却使用了定量的推理,从而同时得到了定量的结论,即不等式(1).利用不等式(1)及恒等式

$$\binom{p+q-3}{p-2}+\binom{p+q-3}{p-1}=\binom{p+q-2}{p-1},$$

其中

$$\binom{m}{n} = \frac{m(m-1)\cdots(m-n+1)}{n!} = \frac{m!}{n!\,(m-n)!}$$

表示二项式系数,我们就可以得到 $R(p,q)$ 的一个用显式表达的上界:

命题 1. 2. 1 对整数 $p,q \geqslant 2$,有

$$R(p,q) \leqslant \binom{p+q-2}{p-1}. \tag{2}$$

上界(2)叫作埃尔德什-塞克尔斯上界. 作为整数 p, $q \geqslant 2$ 的函数 $R(p,q)$ 的一般上界,它在 50 年内没有得到任何改进,直到 1986 年起才稍有变化. 我们在下一节专门讲拉姆塞数,其中会再讨论上界(2)及其改进.

最后,我们把前面的拉姆塞定理(简式)等价地表述为点数足够大的任意一个图都具有的一种特性,这种表述方式我们在今后会不时用到,因为在说明某些问题时,它比较方便些.

定理 1. 2. 2[拉姆塞定理(简式)的等价表述] 对任意给定的正整数 $p,q \geqslant 2$,存在正整数 n_0,使得任意一个至少有 n_0 个点的图 G 中,或者含有 p 个两两有边相连的点(G 含有一个 p 点完全图),或者含有 q 个两两都无边相连的点(称为 q 个点的无关点集). 具有上述性质的数 n_0 的最小值记为 $R(p,q)$.

等价性很容易说明:设 G 的点数为 n. 我们设想 G 的每条边都是红边,再把在 G 中无边相连的每一对点之间加连

一条蓝边,这样就得到边已红、蓝染色的 n 点完全图 K_n;反过来,从任一边已红、蓝染色的 K_n 中抹掉所有蓝边后就得到图 G. 显然,这时 G 中含有 p 点完全图当且仅当 K_n 中含有红边的 K_p;G 中含有 q 个点的无关点集当且仅当 K_n 中含有蓝边的 K_q.

§1.3　拉姆塞数

可以这样说,迄今人们对拉姆塞(函)数 $R(p,q)$ 的了解非常之少. 这并不是因为没有数学家去努力探索其奥秘,恰恰相反,虽有大量数学家不断进行探索但收效甚微. 拉姆塞数随着拉姆塞定理一同被发现,从一开始人们就试图搞清楚它的性质. F. 拉姆塞(F. Ramsey,1903—1930)本人就首先给出了一个上界

$$R(p,p) \leqslant p!.$$

并坦承:"我想,这个上界太高了." 几年后,埃尔德什和塞克尔斯重新发现了拉姆塞定理,并给出了一个好一些的上界(命题 1.2.1):

$$R(p,p) \leqslant \binom{2p-2}{p-1} \leqslant \frac{4^{p-1}}{\sqrt{\pi(p-1)}}.$$

这个上界保持了 50 年,直到 1986 年被捷克数学家 V. 洛德尔(V. Rödl)以及后来在 1988 年被英国数学家 A. 托玛松(A. Thomason)进一步改进为

$$R(p,p) \leqslant c \times \binom{2p-2}{p-1} \times (p-1)^{-\frac{1}{3}},$$

其中 c 是正常数。[①]

关于 $R(p,p)$ 上界的发展情况先说到这里，它是我们在本节开始时关于拉姆塞数所说的那些话的一个具体方面，其他方面的情况大致与此相仿。现分别概要介绍如下。

（A）小拉姆塞数

到目前为止已完全确定的拉姆塞数 $R(p,q)$ 一共只有 9 个［因为不难证明 $R(p,q)=R(q,p)$］，又当 $p=2$ 时有平凡值 $R(2,q)=q$，所以只考虑 $3 \leqslant p \leqslant q$ 的情形。这 9 个值和它们被确定的年份如下：

$R(3,3)=6$（年份不可考）

$R(3,4)=9,R(3,5)=14,R(4,4)=18$（1955 年）

$R(3,6)=18$（1966 年）

$R(3,7)=23$（1968 年）

$R(3,9)=36$（1982 年，同时证得 $R(3,8)=28$ 或 29）

$R(3,8)=28$（1990 年）

$R(4,5)=25$（1995 年）

下面这张表列出了迄今为止当 $3 \leqslant p \leqslant 6, p \leqslant q \leqslant 12$ 时

[①] 关于 $R(p,p)$ 上界最新的改进见 §1.3（B）。

$R(p,q)$ 的已知值和最好的下界、上界. 它是由美国数学家 S. P. 拉德齐佐夫斯基(S. P. Radziszowski)在 2009 年 8 月 发布的. 拉德齐佐夫斯基长期研究当 p,q 较小时 $R(p,q)$ 的 值,并称之为小拉姆塞数(表 1-1). 他从 1993 年 2 月起不 断发布名为《小拉姆塞数》(*Small Ramsey Number*)的动态 综述报告. 有兴趣者可参见《电子组合论杂志》(*The Electronic Journal of Combinatorics*).

表 1-1　部分小拉姆塞数 $R(p,q)$ 的值和界

p \ q	3	4	5	6	7	8	9	10	11	12
3	6	9	14	18	23	28	36	40 43	46 51	52 59
4		18	25	35 41	49 61	56 84	73 115	92 149	97 191	128 238
5			43 49	58 87	80 143	101 216	125 316	143 442	159 633	185 848
6				102 165	113 298	130 495	169 780	179 1171	253 1804	262 2566

下面我们通过具体求出 $R(3,4)=9$，$R(3,5)=14$ 和 $R(4,4)=18$ 来说明求 $R(p,q)$ 的常规模式. 现在专家普遍 认为,如果不创造新的方法,即使借助于规模和速度非常之 大的计算机也很难求得更多的 $R(p,q)$. 这个问题是对人类 智慧的真正挑战.

当代著名数学家,同时也是拉姆塞理论近代发展的主 要推动者之一的埃尔德什对此有一个十分生动的描绘. 他 在 1983 年召开的一次数学会议上致欢迎词时讲了下面这

个他很喜欢讲的故事[见《离散数学年刊》(*Annals of Disc. Math.*),1985 年第 28 卷,302-304 页.]:

"假设一个远比我们强大的外星人对我们说:'告诉我 $R(5,5)$ 的值,否则我就要毁灭人类.'也许我们最好的策略是集中所有的计算机和数学家来求这个值.但如果外星人要问 $R(6,6)$ 的值,我们最好的选择恐怕是和它拼命."

定理 1.3.1 $R(3,4)=9, R(3,5)=14, R(4,4)=18.$

证明 (i)先求它们的上界.首先证 $R(3,4) \leqslant 9$.为此只要证明对 K_9 的边做任意红、蓝染色后,或者含有红边的 K_3,或者含有蓝边的 K_4.假设不然,则对 K_9 的任一取定的点 x,与 x 相连的红边个数 $\leqslant 3$(为什么?),与 x 相连的蓝边个数 $\leqslant 5$(为什么?).因为在 K_9 中与 x 相连的边共有 8 条,故其中红边数 $=3$,蓝边数 $=5$,从而 K_9 中红边的总数 $=9 \times 3/2$,但后一数不是整数,所导致的矛盾说明了 $R(3,4) \leqslant 9$ 成立.

另外,利用不等式(1)可得

$$R(3,5) \leqslant R(2,5)+R(3,4) \leqslant 5+9=14,$$
$$R(4,4) \leqslant 2R(3,4)=18.$$

(ii)再求它们的下界.

为了证明 $R(p,q)>m$,我们必须构造一个有 m 点的图 G,使得 G 中既不含有 K_p(没有 p 个两两有边相连的点),

又不含有 q 个点的无关点集. 现在通过这个途径来证明 $R(3,4) > 8, R(3,5) > 13$ 和 $R(4,4) > 17$. 为此必须分别构造三个图 $G(3,4), G(3,5)$ 和 $G(4,4)$, 它们的点数分别是 8, 13 和 17, 而且分别既不含有 K_3, K_3 和 K_4, 又不含有 4, 5 和 4 个点的无关点集. 图 1-3 给出了具有所说性质的 $G(3,4), G(3,5)$ 和 $G(4,4)$, 注意到它们都是循环图: 所谓 n

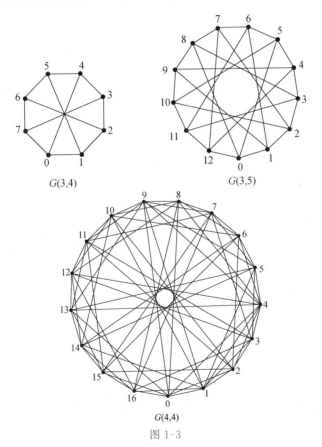

图 1-3

个点的循环图,是指其点可以标记为 $0,1,\cdots,n-1$,同时有集合 $\{1,2,\cdots,n-1\}$ 的一个确定的子集 D,使得两点 i 和 j 有边相连的充分必要条件是 $|i-j|\in D$. 把 D 叫作这个循环图的决定集,因为它完全决定了这个循环图的结构. 我们所给出的循环图 $G(3,4),G(3,5)$ 和 $G(4,4)$ 的决定集分别是 $\{1,4,7\},\{1,5,8,12\}$ 和 $\{1,2,4,8,9,13,15,16\}$.

(i)的上界和(ii)的下界合起来就得到要求的精确值. □

求小拉姆塞数和一些脍炙人口的数学难题一样,表述简单但内涵深不可测.因此一方面长期引起人们的兴趣,但又很难取得进展.20 世纪 70 年代以来对小拉姆塞数的估值之所以还能够时有进展,正如埃尔德什喜欢讲的故事所暗喻的,主要靠计算机的介入而不是方法上的创新,而至今还只知道 $R(5,5)$ 在 43 与 49 之间也说明这并非根本解决问题之道.数学界,尤其是组合学界在不否定探求个别小拉姆塞数的精确值的努力同时,认识到数学上更有意义的是估计 $R(p,q)$ 作为函数的值的变化趋势.现在没有人期望能得到 $R(p,q)$ 的公式,这和数论中研究不超过 n 的素数个数 $\pi(n)$ 类似.组合学家在研究函数 $R(p,q)$ 的估界方面发现了一些新方法,利用这些新方法不仅得到 $R(p,q)$ 的更好的界,而且这些方法还促进了其他数学分支的发展.以下非常简单地介绍在这方面的进展情况,进一步的介绍见第五章.

（B）界和渐近性质

研究工作分两种情形进行，目前所得到的最好结果分别是：

B1. 对任给的 $\varepsilon>0$，当 p 充分大时有

$$\left(\frac{\sqrt{2}}{e}-\varepsilon\right)p\,\sqrt{2}^{\,p}\leqslant R(p,p)\leqslant p^{-c\,\log p/\log\log p}\binom{2p-2}{p-1},$$

这里的 c 是正常数.①

B2. 给定 $p\geqslant3$，给定 $\varepsilon>0$，当 q 充分大时有

$$c\left(\frac{q}{\log q}\right)^{(p+1)/2}\leqslant R(p,q)\leqslant(1+\varepsilon)\frac{q^{p-1}}{\log^{p-2}q},$$

这里 $c=c(p)$ 是一个仅与 p 有关的正常数.

B3. 存在正常数 c，对一切 q 有 $R(3,q)\geqslant c\dfrac{q^2}{\log q}$.

上述结果中，B3 是韩裔美国学者金正汉（J. H. Kim）在 1995 年得到的，并因此在 1997 年荣获离散数学领域的最高奖富尔克森（Fulkerson）奖. B2 的上界是由包括本书作者等人得到的. B1 中的上界与下界相差极大，但当 p 趋于无穷时，上界的 p 次方根趋于 4，下界的 p 次方根趋于 $\sqrt{2}$. 关于 $R(p,p)$ 的渐近性质的一个长期未解的基本问题是：

①　本书用 $\log x$ 表示自然对数，这在国际上较为通行，尽管以前（现在仍然有人）以 $\ln x$ 来表示. 自然对数的底为 e，近似值为 2.718 .

$\lim\limits_{p\to\infty}[R(p,p)]^{\frac{1}{p}}$ 是否存在？如果此极限存在（则可知极限值在 $\sqrt{2}$ 与 4 之间），值是什么？

值得强调的是，(B)中的各个下界都不是用我们在(A)中的那种"构造性方法"得到的，而是借助于埃尔德什在 20 世纪40 年代开创的"非构造性方法"——以后又进一步发展成内容丰富的"概率方法"——得到的。为了对这种方法有所了解，下面具体讲一讲埃尔德什在 1947 年得到 $R(p,p)$ 下界的证明来初步阐明这种方法。

19 世纪的英国数学家 J. J. 西尔维斯特(J. J. Sylvester，1814—1897)说过："现在没有一个数学家重视孤立的定理的发现，除非它提供了某种线索，暗示了不容置疑的新思想领域，就像从某个未曾发现过的思想星球上飞来的陨石那样。"埃尔德什的上述结果的证明方法就是这样的"陨石"，在它的启发下，已逐渐形成一个生气勃勃、内容丰富深刻的数学分支："组合学中的概率方法。"

下面的证明完全避免使用概率论术语，只用到最基本的"计数论证"。为此，我们先介绍微积分中的斯特林(Stirling)公式：

$$n! = \sqrt{2\pi n}\left(\frac{n}{e}\right)^n e^{\theta/12n},$$

其中 θ 与 n 有关，满足 $0<\theta<1$。由此我们得到推论

$$\binom{n}{p} \leqslant \frac{n^p}{p!} \leqslant \frac{n^p}{\sqrt{2\pi p}}\left(\frac{e}{p}\right)^p = \frac{1}{\sqrt{2\pi p}}\left(\frac{en}{p}\right)^p. \tag{6}$$

定理 1.3.2 对任何 p 有 $R(p,p) \geqslant \dfrac{p}{\mathrm{e}\sqrt{2}}\sqrt{2}^{\,p}$.

证明 考虑点集都是 $\{1,2,\cdots,n\}$ 的所有图, 这里 $n \geqslant p$. 因为点可分辨, 边也可分辨, 由于每一条边有出现和不出现的两种可能, 这些图的总数就是 $2^{\binom{n}{2}}$. 取定 p 个点的子集, 我们可以按照边在 p 个点上出现的情形给所有的图分类, 从而得知, 这 p 个点是一个团(所有边都出现)的图在所有图中占的比例是 $1/2^{\binom{p}{2}}$, 这 p 个点是一个独立集(没有边出现)的图在所有图中占的比例也是 $1/2^{\binom{p}{2}}$. 因为共有 $\binom{n}{p}$ 个 p 元子集, 要是能够证明

$$2\binom{n}{p}/2^{\binom{p}{2}} < 1, \tag{7}$$

就存在 n 阶的图, 既不含 p 阶的团, 也不含 p 阶的独立集, 从而 $R(p,p) \geqslant n+1$. 在满足这个前提下, n 越大, 给的下界越好. 现在取 $n = \left\lfloor \dfrac{p}{\mathrm{e}\sqrt{2}}\sqrt{2}^{\,p} \right\rfloor$, 则由斯特林公式的推论(6), 我们得到

$$\frac{2\binom{n}{p}}{2^{\binom{p}{2}}} < \frac{2}{\sqrt{2\pi p}}\left(\frac{\mathrm{e}n}{p}\right)^p \frac{1}{2^{p(p-1)/2}} = \frac{2}{\sqrt{2\pi p}}\left(\frac{\mathrm{e}\sqrt{2}\,n}{p\,\sqrt{2}^{\,p}}\right)^p \leqslant \frac{2}{\sqrt{2\pi p}} < 1,$$

从而式(7)得证而完成定理证明. □

我们对定理 1.3.2 及其证明做两点补充说明.

(i)定理的证明完全是"非构造性"的.具体地说,证明中完全没有提供任何具体构造.比方说,当 $p=20$ 时定理断言 $R(20,20)>2^{10}=1024$,但并没有具体给出有 1024 个点的一个图 G,使得在 G 中既不含有 K_{10},又没有 10 个点的无关点集(独立集),而且也根本没有提供构造这种图 G 的任何线索.可以想象,当 p 越来越大时,要想构造这种有 2^p 个点的图必然越来越难.

事实上迄今人们能具体构造出的既不含有 K_p、又没有 p 个点的无关点集的图的点数(当 p 趋于无穷时)至多只能达到 p 的某个常数幂 p^m 那么多,从而用"构造性方法"至今还无法得到 $R(p,p)$ 的"指数级"下界 $(1+\varepsilon)^p$(对任一给定的 $\varepsilon>0$,当 p 充分大时),这说明用"非构造性方法"往往能比较简捷地得到比用"构造性方法"好得多的下界.

(ii)在定理 1.3.2 的证明中,实际上我们已将问题化成解不等式的问题:只要有 n 使式(7)成立,则这个 n 就可以作为 $R(p,p)$ 的严格下界,我们给出了

$$R(p,p)>\frac{p}{e\sqrt{2}}\times\sqrt{2}^p. \qquad (8)$$

这个下界在埃尔德什 1947 年的论文中已经得到,但直到 1975 年才得到改进:斯宾塞把式(8)中的下界(在 p 充分大

时,本节下面都做此理解.)几乎提高了一倍,即证明了对任何 ε>0,当 p 充分大时有

$$R(p,p) > \left(\frac{\sqrt{2}}{e} - \varepsilon\right) p \sqrt{2}^{p}. \qquad (8')$$

式(8′)正是 B1 所说的当前最好下界,它是斯宾塞在 1975 年利用匈牙利数学家 L. 洛瓦茨(L. Lovász,1948 年出生)发现的一种概率方法——所谓的"局部引理"而获得的. 进一步,斯宾塞把局部引理从最初的对称形式发展到一般形式,并获得了我们前面所述的 R(p,q) 的(B2)中的下界. 局部引理从此名声大振,在很多方面得到成功应用,也成为洛瓦茨在 1999 年荣获沃尔夫奖的主要成就之一.

以上简单的描述说明,拉姆塞理论研究展现了一个个有趣的历史场景:为了改进已有结果,往往会产生新方法,而这些新方法又常常促进了其他数学分支的发展. 除了前面提到的概率方法,Szemerédi 正则性引理和 Lovász 局部引理、半随机方法、随机图论等都产生了很大、很广的影响. 拉姆塞理论的研究,促使很多原来互不相干的数学分支密切地联系起来,相互促进,共同发展. 下面转述 1998 年菲尔兹奖得主 W. T. 高尔斯(W. T. Gowers)对研究拉姆塞数界的意义的论述[见《两种数学文化》(The Two Cultures of Mathematics),中译文刊于《数学译林》,2006 年,26 卷,1 期].

"……下述问题仍未解决:

(i)是否存在常数 $a>\sqrt{2}$，使得 $R(p,p)\geqslant a^p$ 对所有充分大的 p 成立？

(ii)是否存在常数 $b<4$，使得 $R(p,p)\leqslant b^p$ 对所有充分大的 p 成立？

我认为这是组合学的重大问题之一，而且曾花费很多时间试图解决它而未能成功．想到自己当初像很多数学家那样曾在更大程度上把上述问题当成趣味性而并非重要的数学问题，现在我是以近乎羞愧的心情写下开头那句话的．

我如此高估这个问题的理由在于我（和很多试图解决它的人一样）开始明白，只盯住这个问题本身，想要通过就事论事的巧妙论证来解它是极不可能成功的．（实际上我指的主要是关于 $R(p,p)$ 的上界，即问题（ii）．）粗略地说，$R(p,p)\leqslant 4^p$ 的证明具有局部特性，意思是没有顾及图的绝大部分而只考虑少量顶点的小邻域，要想得到更好的上界，似乎要用涉及整个图的更全局性的论证，而在图论中还没有这种论证的合用模式．因此，要解决这个问题，看来一定得引入重大的新技术．"

最后说几句话结束本节．拉姆塞定理肯定了（函）数 $R(p,q)$ 的存在性，但确定其具体值，或做定量描述却异常困难．这是与拉姆塞理论中每个定理相伴共生的现象，也许可以认为，这从某个角度反映了这个数学分支看似浅显，实际上却深不可测，并具有某些共同内涵．请参照§2.6．

§1.4 拉姆塞定理(通式和无限式)

为了今后叙述的方便,我们在这里定义一些术语和记号.

• 设 S 是一个(有限或无限)集,k 是正整数,则下列三种说法互相等价:

(i)S 的 k-染色. 意思是把 S 的每个元染成 k 种颜色 1,$2,\cdots,k$ 中的一种.(但完全可能有一种色没有被 S 的任一元所用,所以更详细地应说成"S 的至多 k-染色",今后都用简称.)

(ii)S 的 k-分拆,或 S 分拆成 k 个子集. 意思是把 S 表示成它的 k 个子集的并

$$S=S_1 \bigcup S_2 \bigcup \cdots \bigcup S_k,$$

其中当 $i \neq j$ 时,$S_i \bigcap S_j = \varnothing$.(这里 k 个子集 $S_1,S_2,\cdots,S_k$ 中可能有的是空集. 这与(i)中可能有的颜色没用上相符,但与大部分文献中定义集合的分拆(partition)时,要求各子集 S_i 都非空不一致.)

(iii)从 S 到集$\{1,2,\cdots,k\}$的一个映射

$$f:S \rightarrow \{1,2,\cdots,k\}.$$

上述三种不同的表述所说的实际上是同一件事. 它们显然有下面的关系:(i)中的 i 色元的集 =(ii)中的子集 S_i =(iii)中的 i 在映射 f 下的原象 $f^{-1}(i)$.

我们今后将在不同场合采用某一种表述,也会混用这

几种表述,例如,在用(iii)时,可以把映射 f 叫作集 S 的一个 k-染色等,其义自明.特别在采用染色的说法(i)时,如果 S 的某个子集 T 的每个元都染成同一色,则把 T 叫作单色的;而若 T 的每个元都是 i 色的,则简称子集 T 是 i 色的.

• 设 r 是正整数,记号 $S^{(r)}$ 表示集 S 的所有 r 元子集的集.

• 所有正整数的集记为 $\mathbf{N}$,对 $a,b \in \mathbf{N},a \leqslant b$,则 $b-a+1$ 个相继整数的集 $\{a,a+1,\cdots,b\}$ 简记为 $[a,b]$.对 $n \in \mathbf{N}$,把集 $[1,n]$ 简记成 $[n]$.如不另有说明,"数"都指"正整数".

• 有限集 S 的元素个数记成 $|S|$.在不涉及元素特性时,n 元集通常用 $[n]$ 来代表.

• 对实数 a,$\lfloor a \rfloor$ 表示 $\leqslant a$ 的最大整数;$\lceil a \rceil$ 表示 $\geqslant a$ 的最小整数.

为熟悉这些记号,更为了做进一步推广,我们把拉姆塞定理的简式重新表述如下:

定理 1.4.1[拉姆塞定理(简式)] 对任意给定的数 $q_1,q_2 \geqslant 2$,存在 $n_0 \in \mathbf{N}$,使得对任一数 $n \geqslant n_0$ 以及 $[n]^{(2)}$ 的任一 2-染色,一定有 $i \in [2]$ 和相应的 q_i 元集 $S_i \subseteq [n]$,使 $S_i^{(2)}$ 是 i 色的.

具有上述性质的 n_0 的最小值由 q_1,q_2 所确定,记成 $R^{(2)}(q_1,q_2)$[通常简记成 $R(q_1,q_2)$].

有数学思考经验的读者会注意到,上述定理中出现于

$[n]^{(2)}$的数字"2"——它表示考察的对象是$[n]$的所有 2 元子集,以及表示 2-染色的数字"2"都有推广成其他数字的可能.事实上,拉姆塞定理的通式正是肯定了对任意给定的$r,k\in\mathbf{N}$和$[n]^{(r)}$的k-染色来说,相应的结论仍成立.应该指出,在历史上并不是先有"简式",再推广而得到"通式".这种从简单到一般的次序是为了使读者容易接受而做的人为安排.历史事实是:1928 年,拉姆塞在伦敦数学会上宣读了一篇题目为"论形式逻辑中的一个问题"的论文,论文中为了证明其主要结论而先证明了一个辅助性结论,它就是这里所说的拉姆塞定理的通式.1930 年拉姆塞因腹部术后并发症不幸去世,当时年仅 26 岁.他去世后这篇论文才正式发表于《伦敦数学会会刊》(*Proc. London Math. Soc.*,1930(30),264-286).关于这个定理的一些评述,读者可以参看本书后面 D. H. 梅勒(D. H. Mellor)撰写的纪念拉姆塞的文章.现在先叙述这个定理本身.

定理 1.4.2〔拉姆塞定理(通式)〕 对任意给定的r,$k\in\mathbf{N}$以及数$q_1,q_2,\cdots,q_k\geqslant r$,存在$n_0\in\mathbf{N}$,使得对任一数$n\geqslant n_0$以及$[n]^{(r)}$的任一$k$-染色,一定有$i\in[k]$和相应的$q_i$元集$S_i\subseteq[n]$,使$S_i^{(r)}$是$i$色的.

具有上述性质的n_0的最小值由$q_1,q_2,\cdots,q_k$和r所确定,记成$R^{(r)}(q_1,q_2,\cdots,q_k)$.

注意当$r=1$时,定理的结论正是(一般形式的)抽屉原理,而且有 $R^{(1)}(q_1,q_2,\cdots,q_k)=\sum_{i=1}^{k}(q_i-1)+1$;当 $k=1$ 时,结论不足道,并显然有 $R^{(r)}(q_1)=q_1$;当 $r=k=2$ 时,通式就是简式.

定理通式的证明实质上和简式的证明相同,只是更繁琐一些.我们将在下一节具体给出通式的证明,而且不仅证明 $R^{(r)}(q_1,q_2,\cdots,q_k)$ 存在,还得到与式(1)类似的不等式.在下一节还证明了拉姆塞定理的无限形式.拉姆塞本人在他的经典论文中先证明无限形式,再利用无限形式来证明前面所说的通式.我们因为已经证明了简式,所以在此基础上证明通式,再独立地证明无限式.

定理 1.4.3〔拉姆塞定理(无限式)〕 对任意给定的 r,$k\in\mathbf{N}$ 以及 $\mathbf{N}^{(r)}$ 的任一 k-染色,$\mathbf{N}$ 必有无限子集 X,使 $X^{(r)}$ 是单色的.

下面是无限式的一个推论,它也是引子中讨论的最后一个命题在无限情形的推广.

推论 任一无限(实)数列 $\langle a_n:n\in\mathbf{N}\rangle$ 一定含有单调的无限子数列.

证明 定义 $\mathbf{N}^{(2)}$ 的 2-染色 f 如下:对 $\{i,j\}\in\mathbf{N}^{(2)}$,$i<j$,令

$$f(\{i,j\})=\begin{cases}1, & \text{若 } a_i<a_j,\\ 2, & \text{若 } a_i\geqslant a_j.\end{cases}$$

则由拉姆塞定理的无限式可知，$\mathbf{N}$ 有无限子集 $X=\{n_1,n_2,$ $n_3,\cdots\}$，其中 $n_1<n_2<n_3<\cdots$，使 $X^{(2)}$ 在染色 f 下是单色的. 如果 $X^{(2)}$ 是 1 色的，则按 f 的定义有递增的无限子数列 $a_{n_1}<a_{n_2}<a_{n_3}<\cdots$；如果 $X^{(2)}$ 是 2 色的，则有单调不增的无限子数列 $a_{n_1}\geqslant a_{n_2}\geqslant a_{n_3}\geqslant\cdots$. $\qquad\square$

最后，我们在承认拉姆塞定理（通式）的前提下，简单地讨论一下拉姆塞数 $R^{(r)}(q_1,q_2,\cdots,q_k)$. 当 $r=2$ 时，简记 $R^{(2)}(q_1,q_2,\cdots q_k)=R(q_1,q_2,\cdots,q_k)$，这时它可以用对 K_n 的边做 k-染色的表述方式来直观地定义，读者不妨一试.

先叙述两条平凡的性质，读者不难自己给予证明.

(i) 对给定的 $r,k\in\mathbf{N},R^{(r)}(q_1,q_2,\cdots,q_k)$ 作为正整数自变量 $q_1,q_2,\cdots,q_k\geqslant r$ 的函数对每个自变量都单调不减，而且这个函数对 k 个自变量完全对称. 具体地说，如果 $q_i'\geqslant q_i$ $(i=1,2,\cdots,k)$，则 $R^{(r)}(q_1',q_2',\cdots,q_k')\geqslant R^{(r)}(q_1,q_2,\cdots,q_k)$；又若 π 是集 $[k]$ 的一个置换，则有

$$R^{(r)}(q_1,q_2,\cdots,q_k)=R^{(r)}(q_{\pi(1)},q_{\pi(2)},\cdots,q_{\pi(k)}).$$

(ii) 设 $k\geqslant 2$，如果 $q_1,q_2,\cdots,q_k$ 中有某一个，比方说 q_1 等于 r，则有

$$R^{(r)}(q_1,q_2,\cdots,q_k)=R^{(r)}(q_2,q_3,\cdots,q_k).$$

关于 $R^{(r)}(q_1,q_2,\cdots,q_k)$ 的非平凡结果，除了 §1.3 所提到的当 $r=k=2$ 时的一些内容外，人们迄今所知非常之少，而且所知的些许结果也主要局限于 $r=2$ 的情况，下面

做一简单介绍.

（a）当 $r>2$ 时，至今还只求得一个非平凡的 $R^{(r)}(q_1,q_2,\cdots,q_k)$ 的精确值.这个值是 $R^{(3)}(4,4)=13$.（它是具有下述性质的数 n 的最小值：对 $[n]^{(3)}$ 的任一 2-染色，$[n]$ 中一定有 4 元子集 S,使得 $S^{(3)}$ 是单色的.）据前面引用过的拉德齐佐夫斯基的报告，这一结果是借助计算机得到的.

（b）当 $r=2,k>2$ 时，至今求得的唯一一个非平凡的精确值是 $R(3,3,3)=17$,它也是由首先求得 $R(3,4)=9$,$R(3,5)=14$ 和 $R(4,4)=18$ 的两位数学家格林伍德（Greenwood）和格里森（Gleason）在 1955 年求得的.

除此之外，经过很少数学家的不断研究,还得到了一些非平凡的界.如

$$51\leqslant R(3,3,3,3)\leqslant 62,$$
$$162\leqslant R(3,3,3,3,3)\leqslant 307,$$
$$128\leqslant R(4,4,4)\leqslant 236,$$

等等.

（c）$r=k=2$ 时的不等式

$$R(q_1,q_2)\leqslant R(q_1-1,q_2)+R(q_1,q_2-1) \qquad (1)$$

可以推广到一般情形（设 $q_1,q_2,\cdots,q_k>r$）：

$$R^{(r)}(q_1,q_2,\cdots,q_k)\leqslant$$
$$R^{(r-1)}(R^{(r)}(q_1-1,q_2,\cdots,q_k),\cdots,R^{(r)}(q_1,\cdots,q_{k-1},q_k-1))+1 \quad (1')$$

（我们将在下一节给出不等式 $(1')$ 的证明）

我们容易证明 $R(3,3,3) \leqslant 17$.

事实上，考虑任何一个完全图 K_{17} 的边的三着色，如红、蓝、绿. 取定一点，记为 u，则依据连边的颜色，可以把余下的 16 点分成 u 的红邻点、蓝邻点和绿邻点. 至少有一种邻点（例如红邻点）的点数不少于 6，记其中的 6 个为 v_1，$v_2, \cdots, v_6$. 要是这 6 个点中有 1 条红边，我们就得到一个包括 u 在内的红三角形. 否则，这 6 个点之间的边没有红色，它们之间的边要么是蓝色，要么是绿色，从而由 $R(3,3) = 6$，我们必有一个单色三角形.

为了证明 $R(3,3,3) > 16$，我们介绍一点代数知识，但仅仅是我们在这里所需要的一点而已. 记 $F_2 = \{0,1\}$. 定义 F_2 中一个二元运算，该二元运算就叫作"加法"，用我们熟悉的加法符号"$+$"定义如下：$0+0=0, 0+1=1+0=1, 1+1=0$. 这里，参加运算的是 F_2 中的两个元素，运算所获得的"和"是 F_2 中的一个元. 第一次接触这些概念的读者可以把 0 理解为"偶数"，把 1 理解为"奇数"，则上面定义的运算相当于偶数和奇数的运算. 这种理解本质上是正确的. 以 F_2 中的元素为坐标且有四个坐标的向量共有 16 个，其组成的集合记为 F_2^4. 我们通常称向量的坐标为分量，把唯一的一个分量全为 0 的向量 $(0 \quad 0 \quad 0 \quad 0)$ 称为零向量. 定义两向量的加法为按分量相加，例如

$$(1 \quad 1 \quad 0 \quad 1) + (1 \quad 0 \quad 1 \quad 0) = (0 \quad 1 \quad 1 \quad 1).$$

注意 F_2^4 中的两个向量相加的和都是一个 F_2^4 中的向量,我们因此说 F_2^4 对加法是封闭的. 现设 A 是 F_2^4 的一个子集. 若 A 中任何两个向量(可以是相同的)之和都不在 A 中,我们就说 A 是"无和的"(sum-free). 注意当 A 对加法不封闭时,它不一定是无和的. 由于零向量自身之和还是零向量,所以一个无和集一定不包含零向量. 有了这些准备,我们可以求出 $R(3,3,3)$ 的准确值. 我们把 F_2^4 的 15 个非零向量分拆成三组,见表 1-2.

表 1-2　把 F_2^4 的 15 个非零向量分拆成三组

A_1	A_2	A_3
$(0,0,0,1)$	$(0,0,1,0)$	$(0,0,1,1)$
$(0,1,0,0)$	$(1,0,0,0)$	$(1,1,0,0)$
$(0,1,1,0)$	$(1,0,1,1)$	$(1,1,0,1)$
$(1,0,0,1)$	$(1,1,1,0)$	$(0,1,1,1)$
$(1,0,1,0)$	$(1,1,1,1)$	$(0,1,0,1)$

容易验证,每个 A_i 都是无和的. 现在考虑定义在 F_2^4 上的完全图 K_{16}. 用三种颜色 1,2,3 按下列方式给边着色:设向量 u,v 为图的两个顶点,如果 $u+v$ 落在 A_i 中,给连接 u,v 的边着色 i. 注意在 F_2^4 中,不同向量之和不可能是零向量,这个和必在某个 A_i 之中,故每一条边都有一个着色. 我们现在验证没有单色的三角形. 对任何顶点是 u,v,w 的三角形,要是两边 uv 和 vw 的颜色相同,不妨设颜色为 1. 则

我们说边 uw 的颜色肯定不是 1. 事实上,由着色的定义我们有 $u+v \in A_1$ 和 $v+w \in A_1$. 注意按定义,这里的加法满足结合律,$v+v$ 是零向量和 A_1 是无和集,我们有

$$u+w = (u+v)+(v+w) \notin A_1,$$

故边 uw 的颜色肯定不是 1,从而三角形 uvw 不是单色的. 这样我们得到 $R(3,3,3) > 16$,所以

$$R(3,3,3) = 17. \qquad \square$$

(d) 在渐近性质方面,如记 $R(\overbrace{3,3,\cdots,3}^{k}) = R_k(3)$. 可以证明性质

$$R_{m+n}(3) - 1 \geqslant [R_m(3)-1][R_n(3)-1].$$

证明 设 $M = R_m(3)-1$,$N = R_n(3)-1$,就可以分别用 m 和 n 种颜色给 K_M 和 K_N 的边着色,使得不含单色的三角形. 我们前面用的 m 种颜色和后面用的 n 种颜色没有重复,共使用了 $(m+n)$ 种颜色. 现在我们把已经着色的 K_M 的每一点 v,用一个已经着色的 K_N 来替代. 原来 K_M 中的任何两点 u,v 间的一条边,现在就成了完全二分图之间的 N^2 条边,这些边全部保持边 uv 的颜色. 容易看出,新的完全图 K_{MN} 中,每一条边都有着色,但没有单色三角形,上式得证. $\qquad \square$

上述性质保证了当 k 趋于无穷时 $[R_k(3)-1]^{1/k}$ 的极限存在,从而 $R_k(3)^{1/k}$ 的极限也存在. 用一点微积分知识就可

知上述性质保证了对任何固定的 m，存在常数 $c>0$，使得对一切 k 有 $R_k(3) \geqslant c[R_m(3)-1]^{k/m}$．现在已经证明 $R_k(3) \geqslant c1037^{k/6} > c3.199^k$．

最后，我们利用不等式 $(1')$ 给出 $R_k(3)$ 的一个（并非最好的）上界以结束本节．

命题 1.4.1　$R_k(3) \leqslant \lfloor k! \, e \rfloor + 1$　$(k \in \mathbf{N})$

证明　对 k 进行归纳证明．当 $k=1,2$ 时，命题中的等式成立．假设 $k \geqslant 3$ 时有 $R_{k-1} \leqslant \lfloor (k-1)! \, e \rfloor + 1$．根据式 $(1')$（和 $r=1$ 时的拉姆塞数的公式）即可得

$$R_k(3) = R(3,\cdots,3) \leqslant R^{(1)}(R_{k-1}(3),\cdots,R_{k-1}(3))+1$$
$$\leqslant k(k-1)! \, e+2$$

但当 $k \geqslant 3$ 时又有

$$(k-1)! \, e = (k-1)! \sum_{j=0}^{\infty} \frac{1}{j!}$$
$$= (k-1)! \sum_{j=0}^{k-1} \frac{1}{j!} + (k-1)! \sum_{j=k}^{\infty} \frac{1}{j!},$$

故有

$$\lfloor (k-1)! \, e \rfloor = (k-1)! \sum_{j=0}^{k-1} \frac{1}{j!}.$$

从而

$$k \lfloor (k-1)! \, e \rfloor + 1 = k! \sum_{j=0}^{k} \frac{1}{j!} = \lfloor k! \, e \rfloor R_k(3) \leqslant \lfloor k! \, e \rfloor + 1.$$

命题得证．　　　　　　　　　　　　　　　　□

当 $k=3$ 时,命题给出的上界正好等于精确值 17,接下来的上界依次是 $R_4(3) \leqslant 66, R_5(3) \leqslant 327, R_6(3) \leqslant 1958$,等等,它们离精确值当然越来越远.

§1.5* 通式和无限式的证明

定理 1.5.1[拉姆塞定理(通式)] 对任意给定的 $k \in \mathbf{N}$ 和数 $q_1, q_2, \cdots, q_k \geqslant r \geqslant 1$,(前面定义的)数 $R^{(r)}(q_1, q_2, \cdots, q_k)$ 存在;而且当 $q_1, q_2, \cdots, q_k > r > 1$ 时,不等式

$$R^{(r)}(q_1, q_2, \cdots, q_k) \leqslant R^{(r-1)}(p_1, p_2, \cdots, p_k) + 1 \qquad (1')$$

成立,其中 $p_i = R^{(r)}(q_1, \cdots, q_{i-1}, q_i-1, q_{i+1}, \cdots, q_k)(i=1, 2, \cdots, k)$.

证明 对正整数 r 和满足 $q_i \geqslant r(i=1,2,\cdots,k)$ 时的非负整数 $\sum_{i=1}^{k}(q_i-r)$ 做双重归纳证明.具体地说,因 $r=1$ 时对任意 k 个正整数 $q_1, q_2, \cdots, q_k$,数 $R^{(1)}(q_1, q_2, \cdots, q_k)$ 存在 $\left[\text{而且等于} \sum_{i=1}^{k}(q_i-1)+1\right]$. 假设 $r>1$ 时数 $R^{(r-1)}(p_1, p_2, \cdots, p_k)$ 对任意 k 个数 $p_i \geqslant r-1(i=1,2,\cdots, k)$ 存在.我们再来证明,数 $R^{(r)}(q_1, q_2, \cdots, q_k)$ 对任意 k 个数 $q_i \geqslant r(i=1,2,\cdots,k)$ 存在,而且当 $q_1, q_2, \cdots, q_k > r$ 时不等式 $(1')$ 成立. 这个结论我们通过对数 $\sum_{i=1}^{k}(q_i-r) \geqslant 0$ 做归

---

* 表示初读时这一节可先跳过,下同.

纳来证明. 这时的归纳起点是 $\sum_{i=1}^{k}(q_i-r)=0$, 即 $q_1=\cdots=q_k=r$ 时 $R^r(r,r,\cdots,r)=R^{(r)}(r)=r$. (注意到如果有某些 $q_i=r$, 则按 §1.4 的性质(ii), 可以在 $R^{(r)}(q_1,q_2,\cdots,q_k)$ 中去掉这些 q_i 而只留下大于 r 的 q_i, 当然 k 减小了. 但在以下的证明中我们对 $k\in\mathbf{N}$ 并没有任何限制.) 所以为了完成归纳证明, 我们只需要证明: 如果对给定的 k 个数 $q_i>r(i=1,2,\cdots,k)$, 相应的 k 个拉姆塞数 $R^{(r)}(q_1-1,q_2,\cdots,q_k)=p_1,\cdots,R^{(r)}(q_1,\cdots,q_{k-1},q_k-1)=p_k$ 都存在, 则数 $R^{(r)}(q_1,q_2,\cdots,q_k)$ 也存在, 而且满足 $R^{(r)}(q_1,q_2,\cdots,q_k)\leqslant R^{(r-1)}(p_1,p_2,\cdots,p_k)+1$. 要证明的这个结论可以更具体地重新叙述成如下命题($*$).

($*$) 设 X 是 $R^{(r-1)}(p_1,p_2,\cdots,p_k)+1$ 元集, $f:X^{(r)}\to[k]$ 是 $X^{(r)}$ 的一个任意给定的 k-染色. 则必有某一个 $i\in[k]$ 以及相应的 q_i 元集 $X_i\subseteq X$, 使 $X_i^{(r)}$ 是 i 色的.

证明命题($*$)是整个证明的关键一步, 证明的思想在本质上和证明简式乃至六人集会问题的结论完全相同.

下面证明命题($*$). 任取 X 的一个元 x, 记 $X-\{x\}=Y$, 从 $X^{(r)}$ 的 k-染色 f 可按如下方式产生 $Y^{(r-1)}$ 的一个 k-染色 f': 对 Y 的 $r-1$ 元子集 S, 定义 $f'(S)=f(S\cup\{x\})$. 因 Y 是 $R^{(r-1)}(p_1,p_2,\cdots,p_k)$ 元集, 根据数 $R^{(r-1)}(p_1,p_2,\cdots,p_k)$ 的定义, 对 Y 以及 $Y^{(r-1)}$ 的 k-染色 f', 必有某一个 $i\in[k]$,

不妨设 $i=1$,以及 p_1 元集 $Z\subseteq Y$,使得 $Z^{(r-1)}$ 在染色 f' 下是 1 色的. 再考察 $p_1=R^{(r)}(q_1-1,q_2,\cdots,q_k)$ 元集 Z 以及 $Z^{(r)}$ 的 k-染色 f. 根据数 $R^{(r)}(q_1-1,q_2,\cdots,q_k)$ 的定义,或者有某一个 $j\in[2,k]$ 以及 q_j 元集 $X_j\subseteq Z$,使得 $X_j^{(r)}$ 在染色 f 下是 j 色的,这时已得($*$);或者有 q_1-1 元集 $X_1'\subseteq Z$,使得 $X_1'^{(r)}$ 在染色 f 下是 1 色的. 由于我们已经知道 $Z^{(r-1)}$——从而 $X_1'^{(r-1)}$——在染色 f' 下是 1 色的,令 $X_1=X_1'\bigcup\{x\}$,则根据 f' 的定义即可知 q_1 元集 $X_1\subseteq X$ 在染色 f 下是 1 色的,仍得($*$). 从而完成了定理的归纳证明. □

通式的上述证明不依赖于简式的结论,但运用了与证明简式相同的一种想法,它具体表现在从 $X^{(r)}$ 的 k-染色 f 产生 $Y^{(r-1)}$ 的 k-染色 f'. 这种从原来的染色产生"导出染色"的手法,在证明拉姆塞理论的很多结论时都会用到,当然具体表现形式因问题而异. 在无限式的下述证明中,这一手法也是关键性的.

定理 1.5.2[拉姆塞定理(无限式)] 设 $r,k\in\mathbf{N}$,A 是无限集. 则对 $A^{(r)}$ 的任一 k-染色,A 中必有无限子集 X 使得 $X^{(r)}$ 是单色的.

证明 对 $r\in\mathbf{N}$ 进行归纳证明. $r=1$ 时定理显然成立(它正是抽屉原理的无限形式:把无限多个东西任意分放进有限个抽屉,则必有某个抽屉中放进了无限多个东西). 现设 $r>1$,记 $A^{(r)}$ 的 k-染色是 $f:A^{(r)}\rightarrow[k]$.

在 A 中任取一元 x_1,记 $A-\{x_1\}=B_1$. 从 $A^{(r)}$ 的 k-染色 f 可按如下方式产生 $B_1^{(r-1)}$ 的一个 k-染色 f_1:对 B_1 的 $r-1$ 元子集 S,定义 $f_1(S)=f(S\cup\{x_1\})$,根据归纳假设,有某一个 $i_1\in[k]$ 以及 B_1 的一个无限子集 A_1,使得 $A_1^{(r-1)}$ 在染色 f_1 下是 i_1 色的. 改记 $A=A_0$,则上面这些步骤可以简单地表示为

$$x_1\in A_0,\ A_0-\{x_1\}=B_1\supseteq A_1,\ A_1\ \text{无限},$$
$$A_1^{(r-1)}\subseteq f_1^{-1}(i_1),\ i_1\in[k].$$

再从 A_1 开始重复上述步骤:任取 $x_2\in A_1$,记 $A_1-\{x_2\}=B_2$,定义 $B_2^{(r-1)}$ 的 k-染色 f_2 如下:对 B_2 的 $r-1$ 元子集 S,$f_2(S)=f_1(S\cup\{x_2\})$,根据归纳假设,有某个 $i_2\in[k]$ 以及 B_2 的一个无限子集 A_2,使得 $A_2^{(r-1)}$ 在染色 f_2 下是 i_2 色的. 第二轮步骤可以表示为

$$x_2\in A_1,\ A_1-\{x_2\}=B_2\supseteq A_2,\ A_2\ \text{无限},$$
$$A_2^{(r-1)}\subseteq f_2^{-1}(i_2),\ i_2\in[k].$$

如此继续进行,可以对每个 $n\in\mathbf{N}$ 得到

$$x_n\in A_{n-1},\ A_{n-1}-\{x_n\}=B_n\supseteq A_n,\ A_n\ \text{无限},$$
$$A_n^{(r-1)}\subseteq f_n^{(-1)}(i_n),\ i_n\in[k].$$

这样我们得到了三个无限序列:$\{i_n:n\in\mathbf{N}\}$,$\{x_n:n\in\mathbf{N}\}$ 和 $\{A_n:n\in\mathbf{N}\}$. 但因每个 $i_n\in[k]$,故数列 $\{i_n:n\in\mathbf{N}\}$ 中必有各项相等的无限子数列

$$i_{n_1}=i_{n_2}=i_{n_3}=\cdots\qquad(n_1<n_2<n_3<\cdots)$$

不妨设 $i_{n_1}=1$. 记 $X=\{x_{n_1},x_{n_2},x_{n_3},\cdots\}$, 它是 A 的无限子集. 则根据定义可证 $X^{(r)}$ 在染色 f 下是 1 色的: 任取 X 的一个 r 元子集 S, 把 S 中诸元素 x_{n_j} 的下标 n_j 的最小者记为 n', 则可记 $S=S'\bigcup\{x_{n'}\}$, 其中 S' 是 $A_{n'}$ 的 $r-1$ 元子集, 而且 $f_{n'}(S')=i_{n'}=1$, 但按照 $f_{n'}$ 的定义, $f(S)=f(S'\bigcup\{x_{n'}\})=f_{n'}(S)=1$. □

无限式的上述证明不依赖有限情形的结论(而且实际上无限式的证明还更容易些). 反过来, 有限情形的结论(通式)却可以从无限式推导出来. 拉姆塞本人在他的经典论文中正是这样做的, 我们在这里不具体写出这个推导. 在第二章我们要证明一个从无限情形推出有限情形的一般结论(叫作紧性原理), 而从拉姆塞定理的无限式推导出通式是这个一般结论的特例.

习 题

1. 证明在对 K_6 的各边做任意的 2-染色后, 至少会有两个各边同色的三边形和一个各边同色的四边形.

2. 把 K_{13} 的各边任意染成红色或蓝色后, 如果每一点至多连出两条红边, 证明一定有全是蓝边的 K_5.

3. 证明命题 1.2.1.

4. 验证 §1.3 中给出的图 $G(3,4),G(3,5)$ 和 $G(4,4)$ 分别说

明了 $R(3,4) > 8, R(3,5) > 13$ 和 $R(4,4) > 17$.

5. 完成定理 1.3.1 中关于 $R(3,4) \leqslant 9$ 的证明.

6. 先证明 $r = k = 2$ 时 §1.4 中所列出的性质(i)(ii)成立,再证明(i)(ii)一般成立.

7. 直接通过考察 K_{17} 的 3-染色来证明 $R(3,3,3) \leqslant 17$.

二 几个经典定理

§2.1 埃尔德什-塞克尔斯定理

虽然拉姆塞定理在 1930 年已公开发表,但这个结果并未引起当时数学界的注意,其广为传播要归功于埃尔德什和塞克尔斯在 1935 年发表的题为"几何中的一个组合问题"的论文.该论文用两种方法证明了同一个新奇的几何定理,其中的一种方法正是利用了塞克尔斯独立地重新发现的拉姆塞定理! 我们在这一节介绍这个几何定理,虽然现在可以把它看作拉姆塞定理的一个精彩应用,但在历史上并非如此.

定理 2.1.1(埃尔德什-塞克尔斯定理) 设数 $m \geqslant 3$,则存在数 N,使得(欧氏)平面上任意给定的无三点共(直)线的 N 个点中,必有 m 个点是凸 m 边形的顶点,上述数 N 的最小值记为 $N(m)$.

下面我们根据塞克尔斯在 1973 年为埃尔德什的组合学文集《计数的艺术》所写的前言来讲述发现这个数学定理的历史情景. 当时他们二人都是在布达佩斯上学的大学生, 他们的数学圈子里的一位女同学爱瑟·克莱因最早发现了一个简单而又新奇的几何命题:

命题 2.1.1 平面上无三点共线的任意五点中一定有四点是凸四边形的顶点.

用前面定理中的记号, 这个命题所断言的正是 $N(4)=5$. 我们先承认这个命题成立, 继续介绍这个数学发现的历史故事. 他们三个人努力推广这一结果. 塞克尔斯这样描述当时的情景:"我们很快意识到这种推广并不简单, 并因此情绪相当激动, 因为我们非常渴望解答的将会是一种崭新类型的几何问题. ……几星期后, 我终于能得意扬扬地对埃尔德什说:'聪明的保尔, 您听着……'实际上我发现的正是拉姆塞定理, 从它很容易得到命题的推广. 当然, 我们那时都没听说过拉姆塞其人."

用我们现在的记号, 塞克尔斯所给出的定理证明是这样的:

证明 $m=3$ 时定理显然成立[这时 $N(3)=3$]. 当 $m \geqslant 4$ 时, 令 $N=R^{(4)}(m,5)$.

对平面上任意给定的无三点共线的 N 个点, 可以把这 N 个点的所有 4 点子集分成两类: 如果 4 个点是凸四边形

的 4 个顶点,则此 4 点子集归入第一类;其余的 4 点子集都
归入第二类,根据 $N=R^{(4)}(m,5)$ 和拉姆塞数的定义,在这
N 个点中一定或者有 m 个点,它们的任一 4 点子集都属于
第一类;或者有 5 个点,它们的任一 4 点子集都属于第二
类——即都不是凸四边形的 4 个顶点.但根据命题 2.1.1,
后一种情况不可能发生,所以我们只要再证明下述结论
(＊)成立.

(＊)　设平面上 m 个点中无三点共线,而且其中任意
4 个点都是凸四边形的顶点,则这 m 个点一定是凸 m 边形
的顶点.

现在对 $m \geqslant 4$ 用归纳法来证
明结论(＊). $m=4$ 时结论显然成
立.设 $m>4$,首先我们不难证明这
m 个点中一定有 3 个点 A,B,C,
使得其余 $m-3$ 个点都位于
$\angle BAC$ 区域的内部(图 2-1).注意

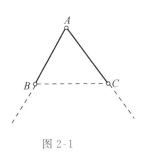

图 2-1

在△ABC 中一定没有所给出的点.考察除 A 之外的 $m-1$
个点,根据归纳假设,它们是某个凸 $m-1$ 边形的全部顶
点,而且易知边 BC 一定是这个凸 $m-1$ 边形的一条边,把
BC 边换成 AB 和 AC 两条边后所得到的是一个凸 m 边形.
结论(＊)得证,从而定理证毕. □

现在再回过来看命题 2.1.1[$N(4)=5$],相信读者能

够自己补出其证明.

和拉姆塞数一样,要想确定数 $N(m)$ 也异常困难.除了明显的值 $N(3)=3$ 和 $N(4)=5$ 外,还能够通过分类不大困难地证明 $N(5)=9$.这就是目前所知道的全部 $N(m)$ 的值!

在 1935 年的经典论文中,除了给出上述(归功于塞克尔斯的)证明方法外,还给出了另一个(归功于埃尔德什的)证明方法.埃尔德什的方法没有利用拉姆塞定理的结果,但可以得到 $N(m)$ 的一个上界.后来他们又通过具体构造得到一个下界,合起来是

$$2^{m-2}+1\leqslant N(m)\leqslant \binom{2m-4}{m-2}+1.$$

他们猜想 $N(m)=2^{m-2}+1$,但此猜想至今没有得到证实,即使当 $m=6$ 时是否有 $N(6)=17$ 也还不得而知.

另外还有一个与此紧密相关的未解决难题:

设整数 $m\geqslant 3$,是否一定存在正整数 M,使得平面上任意给定的无三点共线的 M 个点中,必有 m 个点是凸 m 边形的顶点,而其余 $M-m$ 个点都在这个凸 m 边形的外部?

注意到如果存在这样的数 M,则对任意的 $n(\geqslant M)$ 个无三点共线的点中也一定有 m 个点是凸 m 边形的顶点,而其余 $n-m$ 个点都在这个凸 m 边形的外部,所以对所给的 m,如果存在具有上述性质的数 M,则可以定义这种 M 的

最小值 $M(m)$.

易知 $M(3)=3, M(4)=5$,但对 $m=5$,这种 M——从而 $M(5)$——的存在性尚未得到肯定或否定的回答.

§2.2　舒尔定理和有关结果

如果说埃尔德什-塞克尔斯定理在拉姆塞理论的发展中的主要作用是重新发现了拉姆塞定理并使这个结果引起数学界的注意,但埃尔德什-塞克尔斯定理本身相形之下是一个比较"孤立"的结果,那么这一节要讲的舒尔定理的情况很不相同.舒尔定理问世比拉姆塞定理早十几年,而舒尔定理本身后来得到一系列推广和发展,真正成为拉姆塞理论的源头之一.

下面分三部分来讲.

(A)舒尔定理及其证明

这个定理是德国数学家 I. 舒尔(I. Schur,1875—1941)在 1916 年发表的一篇研究有限域上的费尔马大定理的论文中证明的,论文的题目叫作"论同余式 $x^m + y^m \equiv z^m \pmod{p}$",这里所说的舒尔定理是为了证明论文的主要结果而先行证明的结论.

下面是舒尔定理和它的两种证明:第一种证明基于舒尔的原始证明,第二种证明利用了拉姆塞定理.

定理 2.2.1[舒尔定理(有限形式)] 对任一给定的 k $\in \mathbf{N}$,存在 $n \in \mathbf{N}$,使得对 $[n]$ 的任一 k-染色 $f:[n] \to [k]$,有 $x,y \in [n]$ 使 $f(x)=f(y)=f(x+y)$(这里的 x,y 可能相等).上述数 n 的最小值记为 $S(k)$.

证明一 用反证法证明只要 $n \geqslant \lfloor k! \mathrm{e} \rfloor$ 即合于所求,假设对 $f:[n] \to [k]$ 不存在 $x,y \in [n]$ 使 $f(x)=f(y)=f(x+y)$,并记 $n=n_0$.

设在染色 f 下 $[n_0]$ 中被染成 $i_0 \in [k]$ 色的元的个数最多,记 $f^{-1}(i_0)=\{x_0,x_1,\cdots,x_{n_1-1}\}_<$①,则(由抽屉原理)易知 $n_0 \leqslant kn_1$.

考察 $[n_0]$ 中的 n_1-1 元子集 $N_0=\{x_i-x_0:i \in [n_1-1]\}$.由假设可知,$N_0$ 中任一元 x_i-x_0 都不可能是 i_0 色的(因为否则将有 $f(x_i-x_0)=i_0$,$f(x_0)=i_0$ 和 $f((x_i-x_0)+x_0)=f(x_i)=i_0$),设在染色 f 下 N_0 中 i_1 色的元的个数最多,这里,$i_1 \in [k]$,$i_1 \neq i_0$,记 $f^{-1}(i_1) \cap N_0 = \{y_0,y_1,\cdots,y_{n_2-1}\}_<$,同理可知 $n_1-1 \leqslant (k-1)n_2$.

如果 $n_2>1$,再考察 $[n_0]$ 的 n_2-1 元子集 $N_1=\{y_i-y_0:i \in [n_2-1]\}$.根据假设,$N_1$ 中任一元 y_i-y_0 都既不是 i_1 色、又不是 i_0 色的(不是 i_1 色的推理同 N_0,不是 i_0 色是因为任一 y_i-y_0 都可以写成 x_t-x_s 的形式,其中 $1 \leqslant s < t \leqslant$

---

① $\{a_1,a_2,\cdots,a_m\}_<$ 表示 m 元数集 $\{a_1,a_2,\cdots,a_m\}$,其中 $a_1 < a_2 < \cdots < a_m$.

n_1-1),设在染色 f 下 N_1 中 i_2 色的元的个数最多,这里 $i_2\in[k]-\{i_0,i_1\}$,记 $f^{-1}(i_2)\bigcap N_1=\{z_0,z_1,\cdots,z_{n_3-1}\}<$,同理可知 $n_2-1\leqslant(k-2)n_3$.

如果 $n_3>1$,再考察 $N_2=\{z_i-z_0:i\in[n_3-1]\}$,等等,如此继续进行,一方面,只要 $n_{j-1}>1$ 就可以再进行一步得色 $i_{j-1}\in[k]$ 和数 $n_j\geqslant1$,并有 $n_{j-1}-1\leqslant(k-j+1)n_j$.另一方面,这个过程不可能无限继续,因为每进一步都要用到一个以前没用过的色.所以一定有 $j\leqslant k$ 使得 $n_j=1$.

从不等式组 $n_0\leqslant kn_1,n_1\leqslant(k-1)n_2+1,n_2\leqslant(k-2)n_3+1,\cdots,n_{j-1}\leqslant(k-j+1)n_j+1,j\leqslant r,n_j=1$ 可以得到

$$n_0\leqslant k(k-1)n_2+k\leqslant k(k-1)(k-2)n_3+k(k-1)+k$$
$$\leqslant\cdots$$
$$\leqslant(k)_j+(k)_{j-1}+\cdots+(k)_2+k^{①}$$
$$\leqslant(k)_k+(k)_{k-1}+\cdots+(k)_2+k$$
$$=k!\left(1+\sum_{i=1}^{k-1}\frac{1}{i!}\right)<\lfloor k!\mathrm{e}\rfloor$$

这与 $n_0=n\geqslant\lfloor k!\mathrm{e}\rfloor$ 的假设矛盾. □

证明二 利用拉姆塞定理,取 $n=R_k(3)-1$ 即可保证定理所说的性质成立.和§1.4的记号一样,$R_k(3)$ 是拉姆塞数 $R^{(2)}(\overbrace{3,3,\cdots,3}^{k})$ 的缩写.

---

① 规定 $(k)_i=k(k-1)\cdots(k-i+1)(0\leqslant i\leqslant k)$,即所谓 k 的 i 项降阶乘.

从 $[n]$ 的 k-染色 $f:[n]\to[k]$ 可以产生 $[n+1]^{(2)}$ 的一个 k-染色 f'：对 $\{i,j\}_< \in [n+1]^{(2)}$，定义 $f'(\{i,j\})=f(j-i)$. 根据拉姆塞数 $n+1=R_k(3)$ 的性质，$[n+1]$ 中有 3 元子集 $\{a,b,c\}_<$，它的三个 2 元子集在染色 f' 下同色，即有

$$f'(\{a,b\})=f'(\{b,c\})=f'(\{a,c\})$$

也就是

$$f(b-a)=f(c-b)=f(c-a).$$

令 $x=b-a,y=c-b$ 即合于所求. □

（B）舒尔数

B-1. 精确值

为确定舒尔数，令 $S^*(k)=S(k)-1$，并给出 $S^*(k)$ 的一个直接的定义. 为此，我们把 $\mathbf{N}$ 的子集 F 称作无和集，如果 F 具有性质 $a,b\in F\Rightarrow a+b\notin F$. 于是 $S^*(k)$ 等于可以分拆成 k 个无和集之并的集 $[m]$ 中 m 的最大可能值. 例如，$[4]$ 可以分拆成两个无和集 $\{1,4\}$ 和 $\{2,3\}$ 之并，故 $S^*(2)\geqslant 4$；但不难验证 $[5]$ 不具有这种 2-分拆，所以 $S^*(2)=4$.

迄今已确定的舒尔数[也把 $S^*(k)$ 叫作舒尔数]只有 4 个：$S^*(1)=1,S^*(2)=4,S^*(3)=13$ 和 $S^*(4)=44$. 其中 $S^*(4)=44$ 是在 1965 年借助计算机求得的.

表 2-1 中，集合 $[44]$ 被分拆成 4 个子集.

表 2-1　　　　　　集合[44]被分拆成 4 个子集

A_1	1，3，5，15，17，19，26，28，40，42，44
A_2	2，7，8，18，21，24，27，33，37，38，43
A_3	4，6，13，20，22，23，25，30，32，39，41
A_4	9，10，11，12，14，16，29，31，34，35，36

这样的分拆不容易找到(使用计算机)，找到后验证它们是无和集倒很容易，从而有 $S^*(4) \geqslant 44$. 要证明等式成立更难. 因为要验证不能把集合[45]分拆成 4 个无和集. 除了"穷举法"的苦酒，谁有良方? $S^*(5)$ 和 $S^*(6)$ 尚未确定，目前最好的下界分别是 160 和 536.

B-2. 上界

前面给出的两种证明实际上都同时给出了舒尔数的上界：

命题 2.2.1　$S(k) \leqslant \lfloor k! \, e \rfloor$.　　　　　　　□

命题 2.2.2　$S(k) \leqslant R_k(3) - 1$.　　　　　　　□

而且结合命题 2.2.2 和 1.4.1 就得到命题 2.2.1 的上界. 当然 $R_k(3)$ 的已知上界并不理想，我们先来看一个递归上界.

$$R_k(3) \leqslant k(R_{k-1}(3) - 1) + 2.$$

证明　记 $n = R_k(3) - 1$. 可以用 k 种颜色给 K_n 的边着色，使得没有单色的三角形. 取定一个顶点 v，我们说另一点是 v 的红邻点是指它和 v 之间的边是红色的. 由于没有红三角形，这些红邻点之间显然没有红边，那些边的颜色数

至多为 $k-1$,故这些红邻点的数目不超过 $R_{k-1}(3)-1$. 对 v 的其他颜色的邻点也做同样分析,我们得到

$$n \leqslant k(R_{k-1}(3)-1)+1,$$

即得我们所求. □

我们现在证明:

命题 2.2.3 对 $k>m$,有 $S(k) \leqslant R_k(3)-1 < Ck!$, 其中

$$C = \mathrm{e} - \sum_{j=0}^{m} \frac{1}{j!} + \frac{R_m(3)-1}{m!}.$$

证明 记 $R_k = R_k(3)$,则反复使用 $R_k - 1 \leqslant 1 + k(R_{k-1}-1)$ 可得

$$R_k - 1 \leqslant 1 + k(R_{k-1}-1)$$
$$\leqslant 1 + k[1 + (k-1)(R_{k-2}-1)]$$
$$= 1 + k + k(k-1)(R_{k-2}-1) \leqslant \cdots$$
$$\leqslant 1 + k + k(k-1) + \cdots + k(k-1)\cdots(m+2) +$$
$$k(k+1)\cdots(m+1)(R_m - 1)$$
$$= k! \left(\frac{1}{k!} + \frac{1}{(k-1)!} + \cdots + \frac{1}{(m+1)!} + \frac{R_m - 1}{m!} \right).$$

我们现在用一下一个结论:对任何 k,

$$1 + \frac{1}{1!} + \frac{1}{2!} + \cdots + \frac{1}{k!} < \mathrm{e},$$

得证命题. □

命题 2.2.3 的 $m=1$ 就是命题 2.2.1. 另外,由证明可

知,命题 2.2.3 中上界中常数 C 会随 R_m 的值(或上界)的获得而有所改进.然而一个值得庆贺的上界与 $k!$ 之比应当随 k 的增大而趋于 0.

有一道中学生国际数学奥林匹克竞赛题(第 20 届第 6 题)是这样的:

"一个国际社团的成员来自六个国家,共有成员 1978 人,用数 $1,2,\cdots,1977,1978$ 编号.请证明该社团中至少有一位成员的编号数等于他(她)的两位同胞的编号数之和,或者等于一位同胞的编号数的 2 倍."

用现在的术语来表示,这道题要求证明的正是 $S(6)\leqslant$ 1978.当然,这是命题 2.2.1 的推论:

$$S(6)\leqslant\lfloor 6!\,e\rfloor=1956.$$

但出这道题的人不能要求参赛者先去证明——或本来已知道——命题 2.2.1.也许出题人希望参赛者能对这些具体数据独立地想出证法一的解法,或者希望参赛者想到把问题化成证明 K_{1979} 在边的任一 6-染色下必有单色的三角形——等于要求独立地想出证法二的主要思想,尽管对 K_{1979} 的上述 6-染色性质的证明也可以直接通过连用几次证明六人集会问题[即 $R(3,3)\leqslant6$]的方法来完成.

B-3.下界

舒尔本人在他的 1916 年论文中提出一种通过递推构造求得 $S^*(k)$ 下界的结果.

设 $[m]$ 可以分拆成 k 个无和集之并：

$$[m] = F_1 \bigcup F_2 \bigcup \cdots \bigcup F_k.$$

则 $[3m+1]$ 也可以分拆成 $k+1$ 个无和集之并：

$$[3m+1] = F_1' \bigcup F_2' \bigcup \cdots \bigcup F_k' \bigcup F_{k+1}',$$

其中，

$$F_i' = F_i \bigcup (F_i + 2m+1) \quad (i = 1, 2, \cdots, k).$$

（这里 $F_i + 2m+1$ 表示集 F_i 中各数都加上 $2m+1$ 后所得的集.）而

$$F_{k+1}' = [m+1, 2m+1].$$

不难验证 $F_1', F_2', \cdots, F_{k+1}'$ 都是无和集.（例如，从 $[4]$ 分拆成两个无和集之并 $[4] = \{1,4\} \bigcup \{2,3\}$ 出发，按上述构造法可把 $[13]$ 分拆成 3 个无和集之并：

$$[13] = \{1,4,10,13\} \bigcup \{2, 3, 11, 12\} \bigcup \{5,6,7,8,9\}.）$$

因此对每个 $k \in \mathbf{N}$，$S^*(k+1) \geqslant 3S^*(k)+1$ 成立. 因 $S^*(1) = 1$，故得下界

$$S^*(k) \geqslant \frac{1}{2}(3^k - 1). \tag{1}$$

阿伯特（Abbott）和亨松（Hanson）在 1972 年通过更细致的递推构造法证明了

$$S^*(k+l) \geqslant 2S^*(k)S^*(l) + S^*(k) + S^*(l), k, l \in \mathbf{N}$$

在上式中固定 l，则有常数 A 使

$$S^*(k) \geqslant A(2S^*(l)+1)^{\frac{k}{l}}, k \geqslant l.$$

特别取 $l=6$，再利用 $S^*(6) \geqslant 536$ 即可得

$$S^*(k) \geqslant C(1073)^{\frac{k}{6}} > C(3.199)^k. \qquad (2)$$

当 k 充分大时，下界(2)比(1)好；(2)也是目前最好的下界(在渐近意义下)，从(2)可以得到

$$R_k(3) \geqslant S^*(k) + 2 > C(3.199)^k.$$

这也是 $R_k(3)$ 的最好下界(请与 §1.4 中关于 $R_k(3)$ 的渐近性质的讨论比较).

(C)舒尔定理的推广

舒尔定理是拉姆塞理论的独立源头之一. 虽然舒尔本人证明这个定理是为了研究别的问题，而且以后他也没有在拉姆塞理论这一领域发表其他研究成果，但在这一理论的发展史上至少有两件大事与舒尔紧密相关.

(i)在研究数论(有关于二次剩余和二次非剩余的分布)问题时，舒尔在 1920 年提出了一个猜想，这个猜想在 1927 年被荷兰数学家 B. L. 范德瓦尔登(B. L. van der Waerden, 1903—1996)证明为真，从而成为拉姆塞理论——也是数论——的一个著名经典定理(后来这个定理称作范德瓦尔登定理)，我们在下一节再详细讨论这个定理.

(ii)舒尔指导了他的一位博士生 R. 拉多(R. Rado)写学位论文，在拉多 1933 年的学位论文以及随后的一系列更进一步的研究工作中，拉多证明了一个深刻的定理(后来被

称作拉多定理),这个定理既是舒尔定理、又是范德瓦尔登定理的非常深刻的推广,它也是拉姆塞理论的经典定理之一. 我们在§2.5节来讨论拉多定理.

这里要介绍的是和舒尔定理的形式上很相像的一种深刻推广,为叙述简明,同时也为了更突出舒尔定理的定性方面,先给出舒尔定理的无限形式:

定理 2.2.2[舒尔定理(无限形式)] 对任一给定的 $k \in \mathbf{N}$ 以及 $\mathbf{N}$ 的任一 k-染色,一定有同色的 $x, y, z \in \mathbf{N}$ 满足 $x + y = z$.

证明 这是舒尔定理的有限形式的直接推论. □

下面的这个推广结果是20世纪60年代后至少三位数学家各自独立地发现的. 为纪念其中已不幸夭亡而又对拉姆塞理论做出杰出贡献的一位数学家 J. 福克曼(J. Folkman,1938—1969),我们遵从很多文献的说法,把这一结果称作福克曼定理.

定理 2.2.3(福克曼定理) 对任意给定的 $k, n \in \mathbf{N}$ 以及 $\mathbf{N}$ 的任一 k-染色,$\mathbf{N}$ 中一定有 n 元子集 A,使得 A 中任意多个不同的数的和都同色.(更详细地说,对 A 的每个非空子集 X,记 X 中各数之和为 $n(X)$,则所有 $n(X)$ 都同色.)

注意当 $n = 2$ 时,存在 2 元子集 $A = \{x, y\}$ 使得 x, y,$x + y$ 同色就得到舒尔定理(因为这里的 $x, y, x + y$ 是 3 个

不同的数,所以结论还比舒尔定理稍强一些).

后来发现上述福克曼定理实际上可以从拉多定理推导出来(这个推导并不简单),但福克曼定理仍有其价值.其中之一是福克曼定理的表述方式促使人们做进一步的探索,最著名的一个深刻推广是 N. 欣德曼(N. Hindman)在 1974年证明的下述结果.

定理 2. 2. 4(欣德曼定理)　对 $\mathbf{N}$ 的任一有限染色,$\mathbf{N}$ 中一定有无限子集 A,使得 A 中任意有限多个不同数之和都同色. □

欣德曼定理是福克曼定理在更深层次上的推广. 一般说来,证明一定存在具有某些性质的无限子集和证明一定存在有限子集有本质性不同.欣德曼定理不能从别的存在有限子集的结论导出,证明它需要新方法.当然,它也成为进一步研究的新源头.

最后再介绍一个与福克曼定理有关的猜想. 首先很容易证明,如果在福克曼定理中把结论中的"和"改成"积",则定理仍成立,具体地说,有下述结论:

定理 2. 2. 5(福克曼定理的乘积形式)　对任意给定的 $k,n \in \mathbf{N}$ 以及 $\mathbf{N}$ 的任一 k-染色,$\mathbf{N}$ 中一定有 n 元子集 A',使得 A' 中任意多个不同的数的积都同色.

证明　对 $n \in \mathbf{N}$,记 $\theta(n) = 2^n$,则显然 θ 是 $\mathbf{N}$ 到 $\mathbf{N}' = \{2^n : n \in \mathbf{N}\}$ 上的一一对应:

$$N \xrightarrow{\theta} N' \subset N$$

设 f 是 N——设想是上式中最右边的那个 N——的 k-染色,则 f 自然给出了 N 的子集 N' 的 k-染色,而后者通过 θ 确定了 N——设想是最左边的那个 N——的一个 k-染色 $g:g(n)=f(\theta(n))=f(2^n)$. 对 N 及 N 的 k-染色 g,按福克曼定理有 n 元子集 A 使得 A 中任意多个不同的数的和在 g 下同色. 令 $A'=\{2^n:n\in A\}$,则 A' 中任意多个不同的数的积在 f 下同色. □

能不能同时顾及"和"与"积"呢? 三位拉姆塞理论的权威学者葛立恒、B. L. 罗斯切特(B. L. Rothschild)和斯宾塞认为行,但未能给予证明. 他们三位在 1980 年联名出版的专著《拉姆塞理论》一书中对此提出下述猜想:

猜想 对任意给定的 $k,n\in N$ 以及 N 的任一 k-染色,N 中一定有 n 元子集 B,使得 B 中任意多个不同的数的和以及积都同色.

这个猜想极难回答. 即使当 $n=2$ 时也未能证明它是否为真,这时的猜想可以写成:

猜想 对任意给定的 k 以及 N 的任一 k-染色,一定存在 $x,y\in N,x\neq y$,使得 $x,y,x+y$ 和 xy 同色.

§2.3 范德瓦尔登定理

上一节的(C)(i)中说到的舒尔在 1920 年提出的猜想

是这样的：

"如果把正整数集任意分拆成两部分，那么对于任意给定的一个正整数 l，两部分中必有一部分含有 l 项等差数列."

1926 年，当时在德国汉堡大学的范德瓦尔登从哥丁根大学的一位荷兰学生包特（Baudet）那里得知了这个猜想，并最终完全证明了这个猜想成立. 范德瓦尔登本人在 1971 年写了一篇文章，题目为"包特猜想的证明是怎样找到的"，[刊于祝贺拉多 65 岁的文集《纯数学研究》（*Studies in Pure Mathematics*），这篇论文被认为是关于数学发现的心理学的重要文献.]文章一开始这样描述了当时的情景：

"1926 年的一天，在我同 E. 阿廷（E. Artin）和 O. 许莱尔（O. Schreier）一起吃午饭的时候，我告诉了他们荷兰数学家包特的猜想（舒尔的猜想，范氏一直称它为包特猜想）.

午饭后，我们走进阿廷在汉堡大学数学系的办公室，并且试着去找一个证明. 我们在黑板上画了几个图. 这时候，常有突然闪现的想法. 这类新想法曾多次给讨论以新转机，而其中一个想法最终导致了问题的解决."

想法之一（范德瓦尔登把它归功于许莱尔）是：可以把无限集 **N** 改成有限集 [N]，这里 N 是与 l 有关的一个充分大的正整数；另一个想法（范德瓦尔登把它归功于阿廷）是："分拆成 2 部分"可以改成"分拆成 k 部分"，这里 k 是任意

给定的一个正整数,而范德瓦尔登则最终完全证明了后来以他命名的下述定理:

定理 2.3.1(范德瓦尔登定理) 对任意给定的 $l,k \in$ **N**,存在 $W \in$ **N**,使得把 $[W]$ 任意分拆成 k 部分后,其中必有一部分含有 l 项等差数列

$$a, a+d, \cdots, a+(l-1)d. \qquad \square$$

其中的等差级数是指不平凡的,即公差 $d \neq 0$. 我们记满足上述定理的最小的 W 为 $W_k(l)$,称为范德瓦尔登数,这里 k 是颜色数,l 是级数的长度.

范德瓦尔登在与阿廷和许莱尔一同研究这个猜想之前就已经注意到,$l=2$ 是平凡情形,因为显然可得 $W_2(2)=2$,而且对任一 k 也有 $W_k(2)=k+1$——抽屉原理! 对于 $l=3(k=2)$,他也通过穷举知道可取 $W_2(3)=9$. 因为 $\{1,2,\cdots,8\}$ 可以用几种方法分拆成 2 部分,使得每一部分中都不含有 3 项等差数列. 例如

$$[8] = \{1,2,5,6\} \cup \{3,4,7,8\}$$

就是这种 2-分拆. 但不管把 9 加进哪一部分,都会产生 3 项等差数列!(注意这时范德瓦尔登所考虑的还是原始的猜想,但却已发现可能把无限集 **N** 改成有限数段 $[N]$ 了.)当然,这种通过穷举所有可能情况而得到 $W_2(3)=9$ 的证明无法进一步推广. 在他们三人讨论的过程中,范德瓦尔登重新考察了这个 $l=3,k=2$ 的简单情形,给出了另一个看上

去比穷举复杂,但却有可能进一步推广的证明.这时可取
$W_2(3) \leqslant 325$,论证如下:

若正整数已分成两部分,则 3 个相继整数中必有 2 个
属于同一部分;而以这 2 个属同一部分的数为前 2 项的等
差数列的第 3 项虽然未必属于同一部分,但一定在由这
3 个相继整数再后接 2 个共 5 个相继整数组成的块中.如
果第 3 项属同一部分,则已得 3 项等差数列,故可设它属另
一部分.因为这种 5 数块共有 $2^5 = 32$ 种不同的 2-分拆,
所以在 33 个 5 数块中必有 2 块的分拆同型——即它们
的 2-分拆所产生的 2 部分分别由排列在同样位置上的
数组成.在前 33 块中找到这样 2 块后再往后取这样的
第 3 块:它离第 2 块与第 2 块离第 1 块一样远.则在这
3 个 5 数块所含的 15 个数中一定有 3 项等差数列.下面
用具体数字来说明.

先把 [325] 等分成 65 块,再把这些块依次记成 $B_1 =$
[1,5], $B_2 = $[6,10],$\cdots$,$B_{65} = $[321,325].[325] 的一个 2-染
色自然在每个 B_i 上产生一个 2-染色,而且在 $2^5 + 1 = 33$ 块
B_1,B_2,$\cdots$,B_{33} 中必有 2 块,比方说 $B_{11} = \{51,52,53,54,55\}$
和 $B_{26} = \{126,127,128,129,130)$ 的 2-染色同型.再看 B_{11}
的前 3 个数,它们中至少有 2 个同色,比方说第一个和第三
个数 51 和 53 同色(我们用○和●表示两种色,设 51 和 53
同为●).若 55 也是●,则已得等差数列 51,53,55,故设 55

是○.因 B_{26} 有同型的 2-染色,故 126,128 是 ●,130 是○.
再考察第 3 块 B_{41} 的最后一个数 205. 如果 205 是○,则有
同色之等差数列 55,130,205;如果 205 是 ●,则有同色之
等差数列 51,128,205(图 2-2).

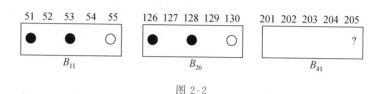

图 2-2

范德瓦尔登在 1971 年的回忆文章中写道:"在对 $k=2$
和 $l=3$ 这个特殊情形找到了证明之后,我把它向阿廷和许
莱尔做了解释.我感到同样的证法必定能用来证一般情形.
他们不相信,于是我就进而去证下一步 $k=3,l=3$ 的情
形."我们在这里不具体讲下去了,因为这时要用到不少记
号和相当大的数值——$W_3(3)$ 将不超 $7(2\times3^7+1)\times(2\times$
$3^{7(2\times3^7+1)}+1)$ 这样大的数,尽管证明的思想是和前面一样
明确.猜想的最终证明是对 l 进行归纳:因为对于 $l=2$ 和
所有的 k,数 $W_k(2)$ 存在,假设当 $l>2$ 时对 $l-1$ 和所有的
k,数 $W_k(l-1)$ 存在.再证明对 l 及任一给定的 k,数 $W_k(l)$ 存
在.但要具体写出定理的证明仍然非常繁.拉多在 1971 年回
忆四十多年前他作为柏林大学的研究生但还没有选定研究
方向时这样写道:"有一天我参加了由一群杰出的数学家主
持的讨论班,那次是一位研究生讲范德瓦尔登定理.对我来

说这个定理听上去难以置信,其证明也颇成问题.我决心打破砂锅问到底,要彻底弄明白这个定理是否真的成立.经过仔细研究后,我不得不承认定理为真,证明也严格成立,这成为我从事数学的起点,而且从此终生不渝."这里不写出定理的原始证明的另一个原因是,范德瓦尔登的证明在 1927 年发表后,不少数学家给出了这个定理(或它的推广)的新证明.其中有的证明很简短,例如,R. 葛立恒(R. Graham, 1935—2020)和罗斯切特在 1974 年发表的一个证明不到两页(见 *Proc. Amer. Math. Soc.*,1974(24):385-386).他们在高度概括了范德瓦尔登的原始证明的精神实质后,非常精练地证明了一个比范德瓦尔登定理更强些的结论.他们的证明为时下各种著作所采用,我们在下一节具体给出这个证明.

范德瓦尔登定理是拉姆塞理论的发展的一大源泉,它至少在下述三个方向上大大地促进了,而且继续促进着理论的发展和深入,现分别做简略的介绍.

(A)范德瓦尔登数

范德瓦尔登证明了 $W_k(l)$ 的存在,且给出一个非常大的上界.我们特别地,记 $W(l) = W_2(l)$.可以预料,对函数 W 的定量研究将会非常困难.

首先会想到 $W_k(l)$ 的精确值.前面已经说过,$l = 2$ 时,$W_k(2) = k + 1$ 是平凡结果;另外可以用穷举法证得

$W_2(3)=9$. 除此之外,借助于计算机搜索还求出了 4 个值. 表 2-2 列出了至今已确定的所有非平凡的 $W_k(l)$ 值:

表 2-2　已确定的所有非平凡的 $W_k(l)$ 值

l	$W_R(l)$		
	$k=2$	$k=3$	$k=4$
3	9	27	76
4	35		
5	178		

实际上六十多年来人们对范德瓦尔登数最有兴趣的不是求得其精确值——这似乎超过了人们现阶段的能力,而是希望对它有较好的估计,特别是想得到比较"适度"的上界.下面就来概述一下在这方面的历史发展,而对这个问题的研究正期待新的进展.

使用"非构造性方法"可得到下界

$$W(l)>(1-\varepsilon)\frac{2^l}{2el},$$

当 l 是素数时,通过具体构造可得更好的下界

$$W(l+1)>l\times(2^l-1).$$

但这些下界与目前人们所得到的 $W(l)$ 的上界有天壤之别.事实上所得的上界如此之大——更确切地说,$W(l)$ 的已知上界作为 l 的函数其递增速度是如此之快,以致必须用被称为阿克曼层次(Ackerman hierarchy)的一系列专门的函数才能表示它.第 m 层次的阿克曼函数记为 $A_m(m\geqslant1)$,它定义在正整数集上.

第 1 层函数 $A_1(n)=2n$,是"加倍函数";第 2 层函数 $A_2(n)=2^n$,是递增很快的指数函数. A_2 可以用 A_1 来描述: $A_2(n)$ 等于 A_1 在自变量 1 处重复作用 n 次,例如,$A_2(3)=A_1(A_1(A_1(1)))=2\times2\times2=2^3$. 所以也可以递推地定义 $A_2(1)=A_1(1)=2,A_2(n)=A_1(A_2(n-1))(n>1)$. 同样我们用 A_2 来定义 $A_3:A_3(1)=A_2(1)=2,A_3(n)$ 等于 A_2 在自变量 1 处重复作用 n 次;或者递推地定义 $A_3(n)=A_2(A_3(n-1))(n>1)$. 例如,

$$A_3(2)=A_2(A_3(1))=2^2, \quad A_3(3)=A_2(A_3(2))=2^{2^2}.$$

一般地,不难看出有 $A_3(n)=A_2(A_3(n-1))=2^{A_3(n-1)}$,因此可以写成下面这种 2 的"$n$ 层塔幂"的形式:

$$A_3(n)=2^{2^{\cdot^{\cdot^{\cdot^2}}}}\text{(共 n 个 2)},$$

所以第 3 层函数 A_3 也称为 2 的"塔幂函数",其递增速度异常之快:

$$A_3(3)=2^{2^2}=16,A_3(4)=2^{16}=65536,$$

$$A_3(5)=2^{65536},\cdots$$

$A_3(5)$ 已经非常大了,要把它写成十进位整数的话将近有 20 万位.

A_3 比起 A_4 来又微不足道了.第 4 层函数是这样定义的:$A_4(1)=A_3(1)=2,A_4(n)=A_3(A_4(n-1))(n>1)$. 所以

$$A_4(2)=A_3(A_4(1))=A_3(2)=2^2=4,$$
$$A_4(3)=A_3(A_4(2))=A_3(4)=2^{16}=65536,$$
$$A_4(4)=A_3(A_4(3))=2 \text{ 的 } 65536 \text{ 层塔幂.}$$

数 $A_4(4)$ 已经大得难以置信. 葛立恒和斯宾塞是这样形容数 $A_4(4)$ 的:"即使一个数大得必须用世界上所有书的全部篇幅再加上所有计算机的全部存储能力才能把它容纳进去,这个数同 $A_4(4)$ 相比仍然小得微不足道."斯宾塞建议把函数 A_4 叫作"WOW 函数"(WOW 是表示惊叹的一个口语感叹词,可勉强译成"哇!").

一般地,从第 k 层函数 A_k 可以定义第 $k+1$ 层函数 A_{k+1}:$A_{k+1}(1)=A_k(1)=2,A_{k+1}(n)=A_k(A_{k+1}(n-1))(n>1)$. 从 A_k 到 A_{k+1},函数的递增速度又上了一层. 但不管怎么说,对一个固定的正整数 m 来说,$A_m(n)$ 作为 n 的函数还是限于第 m 个层次,其递增速度仍有所约束. 下面定义的函数 A 将突破任何固定的层次,或者说它凌驾于任一层次之上:定义 $A(n)=A_n(n)$,即 $A(1)=A_1(1)=2,A(2)=A_2(2)=4,A(3)=A_3(3)=16,A(4)=A_4(4),\cdots$. 把函数 A 叫作 Ackerman 函数.

从范德瓦尔登在 1927 年首先证明以他命名的这个定理以来,60 年间又找到了不少新的证明. 但所有证明对量 $W(l)$ 的估计都必须相当于 $A(l)$. 也就是说,只有把从 1 到 $A(l)$ 这样大的每个整数任意分拆成两部分后,才能保证其中必定有一部分含有 l 项等差数列!

范德瓦尔登定理表述之简单与相应的数 $W(l)$ 的如此庞大的上界形成极大的反差. 数学家当然不会对这种现象安之若素, 但试图改变状况的努力均告失败.

终于在 1987 年, 以色列数学家 S. 谢拉赫(S. Shelah, 1945年出生, 2001 年荣获沃尔夫数学奖)取得了重大突破. 他在题为"关于范德瓦尔登数的原始递归的上界"(刊于 *J. of the Amer. Math. Soc.*, 1988(1):683-697)的论文中证明了

$$W(l) \leqslant 2 \text{ 的 } 2W(l-1) \text{ 层塔幂}.$$

根据前面的定义不难证明

$$2 \text{ 的 } 2W(l-1) \text{ 层塔幂} = A_3(2W(l-1)) < A_4(l).$$

从而可知 $W(l)$ 的上界不超过第 4 层函数 $A_4(l)$. $A_4(l)$ 与 $A(l) = A_l(l)$ 相比当然已经根本性地减小. 但数学家并不就此满足, 数学家们很自然地追问: 谢拉赫所得的上界是不是真正反映了 $W(l)$ 的量级? 注意到 $W(l)$ 的已有下界属第 2 层次, 而谢拉赫的上界属第 4 层次的, 问题就更富于挑战性. 实际上早在 1983 年, 葛立恒就在世界数学家大会上提出了下述猜想:

$$W(l) \leqslant A_3(l) (= 2 \text{ 的 } l \text{ 层塔幂}).$$

葛立恒此后一再重提这个猜想, 并悬赏 1000 美元征求对这个猜想的证明或否定.

对范德瓦尔登定理中涉及的数, 也就是范德瓦尔登数

的界的研究挑战着我们的智慧,十分引人注目.

(B)数列密度与等差数列

范德瓦尔登定理断言,把 **N** 任意分拆成有限部分后,其中必有一部分含任一给定项数的等差数列.定理并没有进一步研究到底是哪一部分具有这种性质.这个问题的一种一般提法是:对 **N** 的(无限)子集 T 来说,什么条件能保证 T 中含有任一给定项数的等差数列?埃尔德什和另一位匈牙利著名数学家 P. 托兰(P. Turán,1910—1976)对此在 1936 年提出这样的猜想:

"如果 **N** 的子集 T 有正的'上密度',也就是说,如果有正的上极限

$$\varlimsup_{n\to\infty}\frac{|T\cap[n]|}{n}>0,$$

则 T 含有任一给定项数 l 的等差数列."

不难证明范德瓦尔登定理是这个猜想——如果它成立的话——的简单推论. K. F. 罗斯(K. F. Roth)在 1952 年证明了这个猜想当 $l=3$ 时成立.匈牙利(当时的)青年数学家塞 E. 梅雷迪(E. Szemerédi)在 1969 年证明了 $l=4$ 时猜想也成立,以后他再接再厉,在 1974 年完全证明了这个猜想成立.他的这个工作被誉为组合论证的一大杰作,埃尔德什认为塞梅雷迪应授予菲尔兹奖.埃尔德什本人给予 1000 美

元的奖金——这是他曾付出过的最高奖额,也是他提出的
为数颇多的悬赏难题的第二高奖额. 最高奖额为 3000 美元
的问题是比上述埃尔德什-托兰猜想更强的一个猜想:

"如果 **N** 的子集 T 具有性质

$$\sum_{a \in T} \frac{1}{a} = \infty,$$

则 T 含有任一给定项数 l 的等差数列."

这一小段所说的研究在性质上更接近于数论. 本来范
德瓦尔登定理也可以看成一个数论结果——苏联著名数学
家 A. Я. 辛钦(A. Я. Xнчин)在 1952 年出版了一本题为《数
论的三颗明珠》的书,范德瓦尔登定理就是其中的一颗明
珠. 上述猜想更具数论意味,这一点从这个猜想(假如它成
立的话)能推出的一个结论可以清楚地看到:在素数集中含
有任一给定项数的等差数列.

(C)哈尔斯-朱厄特定理及其他发展

范德瓦尔登定理在定性方面的第一个主要的深化是
A. W. 哈尔斯(A. W. Hales)和 R. I. 朱厄特(R. I. Jewitt)在
1963 年发表的一个定理. 前面提到的谢拉赫的结果就是在
这两人工作的基础上完成的. 在 §2.2 最后提到的专著《拉
姆塞理论》一书中是这样高度评价这个定理的:

"在本质上,范德瓦尔登定理当看成关于有限集中的

有限序列(而不仅是关于整数)的一个定理. 哈尔斯-朱厄特定理舍弃了范德瓦尔登定理的非本质因素并揭示出它的拉姆塞理论的本质. 这个定理是可由此导出很多结果的一个中心,也是很多更深入的工作的基石. 假如没有这个结果,'拉姆塞理论'应该更恰当地叫作'一些拉姆塞类型的定理'."

下面来叙述这个定理. 设 A 是给定的 t 元集,对 $n\in\mathbf{N}$,定义 $A^n=\{(x_1,x_2,\cdots,x_n):x_1,x_2,\cdots,x_n\in A\}$,称为 A 上的 n 维(组合)方体;它的每个元 $(x_1,x_2,\cdots,x_n)$ 称为 A^n 的一个顶点,其中 x_i 称为这个顶点的第 i 个坐标. 再定义如下所述的 t 顶点组 L 为 A^n 的一条(组合)线:$[n]$ 有一个非空子集 I,L 中所有点的第 i 个坐标当 $i\notin I$ 时都等于常值 a_i;L 中每个点的下标属于 I 的坐标彼此相等,用符号可记成

$$L=\{(x_1,x_2,\cdots,x_n)\in A^n:i,j\in I \text{ 时},x_i=x_j;i\notin I \text{ 时},$$
$$x_i=a_i\}$$

不难算出 A^n 中共有 $(t+1)^n-t^n$ 条线. 图 2-3 画出了 $A=[5]$ 时 A^2,以及 $A=[2]$ 时 A^3 的线.

定理 2.3.2(哈尔斯-朱厄特定理)[①] 对任意给定的 t, $k\in\mathbf{N}$,有 $H=H(t,k)\in\mathbf{N}$,使得对任一 t 元集 A 以及 A^H 的任一 k-染色,A^H 中必有各点同色的线. □

① 根据前面的解说,此定理有时也简称作方体定理.

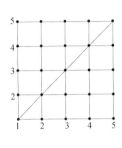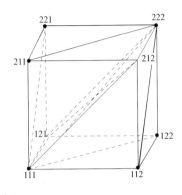

图 2-3

现在来说明范德瓦尔登定理是这个定理的直接推论.

对任意给定的 $l, k \in \mathbf{N}$, 在哈尔斯-朱厄特定理中取 $t = l, A = [0, l-1]$. 则有 $H = H(l, k)$. 再令 $W = l^H$, 则说明对 $[W]$ 的任一 k-染色, 必有单色的 l 项等差数列. 因任一整数 $x \in [W]$ 可以写成 l 进位形式

$$x = x_0 + x_1 l + x_2 l^2 + \cdots + x_{H-1} l^{H-1},$$

$$x_0, x_1, \cdots, x_{H-1} \in [0, l-1].$$

从而 x 可以用 $(x_0, x_1, \cdots, x_{H-1}) \in A^H$ 来表示. $[W]$ 的一个 k-染色产生一个 A^H 的 k-染色. 根据哈尔斯-朱厄特定理和 $H = H(l, k)$ 的定义, A^H 中有各点同色的线 L, L 中的 l 个点形如

$$L:\begin{cases}(\times\times\quad 0\qquad \times\times\times\quad 0\qquad \times\quad 0\qquad \times\times)\\(\times\times\quad 1\qquad \times\times\times\quad 1\qquad \times\quad 1\qquad \times\times)\\(\times\times\quad 2\qquad \times\times\times\quad 2\qquad \times\quad 2\qquad \times\times)\\\qquad\qquad\cdots\cdots\\(\times\times\quad (l-1)\ \times\times\times\quad (l-1)\quad \times\quad (l-1)\quad \times\times)\end{cases}$$

易知这 l 个 H 元数组所表示的整数构成等差级数.

哈尔斯-朱厄特定理是关于组合结构的一个结论,与范德瓦尔登定理作为一个整数的结论不同,而且后者实际上是前者的一个简单的推论. 这是对哈尔斯-朱厄特定理做出高度评价的一个比较表层的理由. 更深一层的理由在于哈尔斯-朱厄特定理是一系列新的更深刻的工作的出发点. 在这些更深刻的工作中,当首推葛立恒和罗斯切特在 1971 年发表的论文"关于 n 参数集的拉姆塞定理". 两位作者在这篇重要论文中引入了"n 参数集"这一非常一般的组合结构,并对这种结构证明了相应的拉姆塞型的定理. 这个定理以很多已知的结论,如(经典的)拉姆塞定理、哈尔斯-朱厄特定理等作为其特例,从而体现了各定理的共同内涵. 正如德国数学家 H. J. 普鲁梅尔(H. J. Prömel)和 B. 伏格特(B. Voigt)在专著《拉姆塞理论的若干问题》(*Aspects of Ramsey Theory*,Springer Verlag,1991)中所说:

"在某种程度上,葛立恒-罗斯切特定理(这是关于参数集的一个拉姆塞定理)可以看成**拉姆塞理论**的起点."

参数集是一个相当一般的概念,孤立地给出形式上的定义意思不大,这里不继续讨论了.葛立恒和罗斯切特的这篇重要论文发表在《美国数学会会刊》(*Trans. Amer. Math. Soc.*)的159卷(1991),257-292页.值得提到的是,在这篇论文的启示下,葛立恒、K.李勃(K. Leeb)和罗斯切特在1972年完全解决了罗塔提出的一个猜想,他们三人证明了下述与拉姆塞定理十分神似的定理,大大丰富了拉姆塞理论的内容:

定理 2.3.3(有限域上向量空间的拉姆塞定理)　对任意给定的有限域 F 以及数 l,r,k,存在数 n 使得对 F 上的 n 维向量空间 F^n 的所有 r 维向量子空间做任意 k-染色后,F^n 中必有 l 维向量子空间,它的所有 r 维向量子空间同色.　□

这个定理是拉姆塞理论的近代发展史上的一个重要成果.三位作者因这项工作而荣获由美国工业与应用数学学会(SIAM)颁发的很有声望的波利亚奖.

§2.4* 范德瓦尔登定理的证明

本节给出前面已提到的葛立恒和罗斯切特在1974年发表的证明.先引入几个记号和概念.以下均设 l、m 是正整数.

记号 $[0,l]^m$ 表示所有形如 $(x_1,x_2,\cdots,x_m)$ 的 m 项整数列的集,其中每个 $x_i\in[0,l]$($i=1,2,\cdots,m$).再在集 $[0,l]^m$ 中定义 $m+1$ 个子集,并把每个子集叫作集 $[0,l]^m$ 的一个

临界类:第 j 个临界类($j=0,1,\cdots,m$)是由$[0,l]^m$ 中开始 j 个数 $x_1,x_2,\cdots,x_j$ 都等于 l、随后 $m-j$ 个数 $x_{j+1},x_{j+2},\cdots,x_m$ 都小于 l 的所有($x_1,x_2,\cdots,x_m$)组成. 例如,当 $l=3,m=2$ 时的 3 个临界类分别是

$\{(0,0),(0,1),(0,2),(1,0),(1,1),(1,2),(2,0),$
$(2,1),(2,2)\}$,$\{(3,0),(3,1),(3,2)\}$和$\{(3,3)\}$.

又对任意的 l,当 $m=1$ 时有 2 个临界类

$\{(0),(1),\cdots,(l-1)\}$和$\{(l)\}$.

记号 $S(l,m)$ 表示下述命题.

$S(l,m)$:对任意给定的 $l,m,k\in\mathbf{N}$,一定存在具有如下性质的正整数 $N=N(l,m,k)$,对$[N]$的任意给定的 k-染色 $f:[N]\to[k]$,有正整数 $a,d_1,d_2,\cdots,d_m$ 使得 $a+l\sum_{i=1}^m d_i\leqslant N$,且当 ($x_1,x_2,\cdots,x_m$) 属于 $[0,l]^m$ 的同一临界类时 $f\left(a+\sum_{i=1}^m x_id_i\right)$同值.

当 $m=1$ 时,命题 $S(l,1)$ 正是范德瓦尔登定理. 因为 $\{(0),(1),\cdots,(l-1)\}$是$[0,l]^1$ 的一个临界类,而当(x_1)属于这个临界类,即 $x_1=0,1,\cdots,l-1$ 时,$a+x_1d$ 构成 l 项等差数列.

葛立恒和罗斯切特实际上证明了比范氏定理更一般的定理:

定理 2.4.1 $S(l,m)$对所有 l,m 成立.

证明 因为 $S(1,1)$ 显然成立(这时取 $N(1,1,k)=k+1$ 即可),再通过证明下述两个归纳步骤(i)、(ii)归纳地证明定理成立.

(i) 如果 $S(l,1)$ 和 $S(l,m)$ 成立,则 $S(l,m+1)$ 成立.

因 $S(l,m)$ 和 $S(l,1)$ 都成立,故对任一给定的 $k\in\mathbf{N}$,有正整数 $N=N(l,m,k)$ 和 $N'=N(l,1,k^N)$. 现在证明如取 $N(l,m+1,k)=NN'$,则 $S(l,m+1)$ 成立. 也就是证明对任一 k-染色 $f:[NN']\to[k]$,有正整数 $a,d_1,\cdots,d_m,d_{m+1}$ 使得 $a+l\sum_{i=1}^{m+1}d_i\leqslant NN'$,且当 $(x_1,\cdots,x_m,x_{m+1})$ 属于 $[0,l]^{m+1}$ 的同一临界类时 $f(a+\sum_{i=1}^{m+1}x_id_i)$ 同值.

把 $[NN']$ 等分成 N' 个 N 数段 $I_j=[(j-1)N+1,jN]$ $(j=1,2,\cdots,N')$. 利用 f 限制在每个 N 数段 I_j 上的 k-染色,可按下述方法定义 $[N']$ 的一个 k^N-染色 $f':[N']\to[k]^N$(这里 $[k]^N$ 表示所有形如 $(y_1,y_2,\cdots,y_N)$ 的 N 项整数列的集,其中每个 $y_i\in[k](i=1,2,\cdots,N)$. $[k]^N$ 共有 k^N 个元,用它们代表 k^N 种"色"):对任一 $j\in[N']$,定义

$$f'(j)=(f((j-1)N+1),f((j-1)N+2),\cdots,f(jN))\in[k]^N.$$

因为 $S(l,1)$ 成立,且 $N'=N(l,1,k^N)$,故对 $[N']$ 的 k^N-染色 f',有正整数 a' 和 d' 使得 $a'+ld'\leqslant N'$,且有

$$f'(a')=f'(a'+d')=\cdots=f'(a'+(l-1)d'). \quad (*)$$

式($*$)相当于说 f 在 l 个 N 数段 $I_{a'}, I_{a'+d'}, \cdots, I_{a'+(l-1)d'}$ 上的限制彼此(平移)相等.

现在来考察 $I_{a'} = [(a'-1)N+1, a'N]$ 以及 $I_{a'}$ 上的 k-染色 f. 因 $S(1,m)$ 成立,而且 $N=N(l,m,k)$,故有正整数 $a, d_1, \cdots, d_m$ 使得

$$(a'-1)N+1 \leqslant a < a + l\sum_{i=1}^{m} d_i \leqslant a'N$$

且当 $(x_1, x_2, \cdots, x_m)$ 属于 $[0,l]^m$ 的同一临界类时 $f\left(a + \sum_{i=1}^{m} x_i d_i\right)$ 同值. 令 $d_{m+1} = d'N$,则正整数 $a, d_1, \cdots, d_m, d_{m+1}$ 使得

$$a + l\sum_{i=1}^{m+1} d_i \leqslant a'N + ld'N \leqslant NN'$$

当 $(x_1, \cdots, x_m, x_{m+1})$ 属于 $[0,l]^{m+1}$ 的同一临界类时,因为 $(x_1, \cdots, x_m)$ 属于 $[0,l]^m$ 的同一临界类,故 $f\left(a + \sum_{i=1}^{m} x_i d_i\right)$ 同值,而且 $a + \sum_{i=1}^{m} x_i d_i \in I_a$;再根据 f 在 $I_{a'}, I_{a'+d'}, \cdots, I_{a'+(l-1)d'}$ 上的限制彼此(平移)相等[式($*$)],故有

$$f\left(a + \sum_{i=1}^{m} x_i d_i\right) = f\left(a + \sum_{i=1}^{m} x_i d_i + d'N\right)$$

$$= \cdots = f\left(a + \sum_{i=1}^{m} x_i d_i + (l-1)d'N\right).$$

上式说明 $f\left(a + \sum_{i=1}^{m+1} x_i d_i\right) = f\left(a + \sum_{i=1}^{m} x_i d_i + x_{m+1}d'N\right)$ 同

值.图 2-4 是说明最后一步论证的示意图.

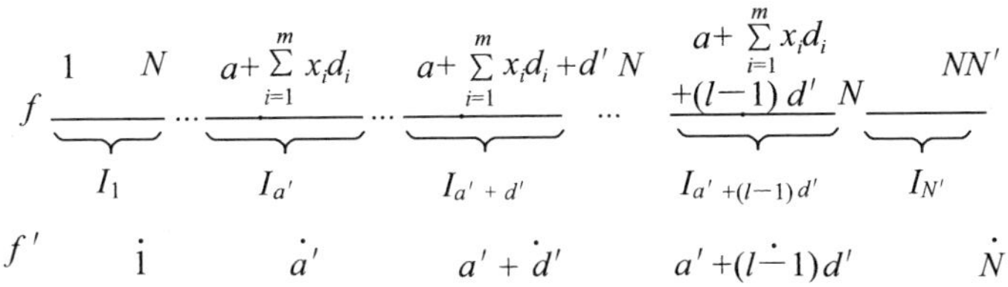

$$f \underbrace{\overset{1}{\rule{0pt}{0pt}} \quad \overset{N}{\rule{0pt}{0pt}}}_{I_1} \cdots \underbrace{\overset{a+\sum\limits_{i=1}^{m} x_i d_i}{\rule{0pt}{0pt}}}_{I_{a'}} \cdots \underbrace{\overset{a+\sum\limits_{i=1}^{m} x_i d_i + d'}{\rule{0pt}{0pt}} \quad \overset{N}{\rule{0pt}{0pt}}}_{I_{a'+d'}} \cdots \underbrace{\overset{a+\sum\limits_{i=1}^{m} x_i d_i}{+(l-1)\, d'} \quad \overset{N}{\rule{0pt}{0pt}}}_{I_{a'+(l-1)d'}} \underbrace{\overset{NN'}{\rule{0pt}{0pt}}}_{I_{N'}}$$

$$f' \quad \overset{\cdot}{1} \qquad \overset{\cdot}{a'} \qquad a'+\overset{\cdot}{d'} \qquad a'+(l\overset{\cdot}{-}1)d' \qquad \overset{\cdot}{N'}$$

图 2-4

(ii)如果 $S(l,m)$ 对所有 m 成立,则 $S(l+1,1)$ 成立.

对所给定的 k,只要取 $N(l+1,1,k)=N(l,k,k)$ 即合于所求.

设 $f:[N(l,k,k)]\to[k]$ 是任一 k-染色. 根据 $S(l,k)$ 成立和数 $N(l,k,k)$ 的性质,可知有正整数 $a,d_1,d_2,\cdots,d_k$ 使得 $a+l\sum\limits_{i=1}^{k}d_i \leqslant N(l,k,k)$,且当 $(x_1,x_2,\cdots,x_k)$ 属于 $[0,l]^k$ 的同一临界类时 $f\left(a+\sum\limits_{i=1}^{k}x_i d_i\right)$ 同值.

在 $[0,l]^k$ 的 $k+1$ 个临界类中各取一个代表元 $(0,0,\cdots,0),(l,0,\cdots,0),(l,l,\cdots,0),\cdots,(l,l,\cdots,l)$,则(由抽屉原理)可知有整数 $0 \leqslant u < v \leqslant k$,使

$$f\left(a+\sum\limits_{i=1}^{u}l d_i\right) = f\left(a+\sum\limits_{i=1}^{v}l d_i\right).$$

令 $a'=a+\sum\limits_{i=1}^{u}l d_i$,$d'=\sum\limits_{j=u+1}^{v}d_j$. 则由前面的结论可知,当 $x\in[0,l-1]$ 时,有

$$f(a' + xd') = f\left(a + \sum_{i=1}^{u} ld_i + \sum_{j=u+1}^{v} xd_j\right);$$

而又有 $f(a') = f(a' + ld')$，所以当 $x_1 \in [0,l]$ 时，$f(a' + x_1 d')$ 同值. 从而 $S(l+1,1)$ 成立.

从(i)、(ii)以及 $S(1,1)$ 成立即可推得 $S(l,m)$ 对所有正整数 l,m 都成立. □

§2.5 拉多定理

拉多研究了这样的问题:对给定的整数系数的线性齐次方程组 $\mathcal{L} = \mathcal{L}(x_1, x_2, \cdots, x_n)$，

$$\sum_{j=1}^{n} a_{ij} x_j = 0 \quad (i = 1, 2, \cdots, m)$$

什么情况下使得对 N 的任一有限染色,方程组 $\mathcal{L}$ 一定有同色的解 $x_1, x_2, \cdots, x_n$? 拉多把具有上述性质的方程组 $\mathcal{L}$ 叫作正则的. 他给出了方程组 $\mathcal{L}$ 是正则的充分必要条件,从而彻底解决了这个问题. 一般定理的证明比较复杂,我们在这一节只给出拉多定理在特殊情形——一个方程($m=1$)——时的证明. 具体地说,我们要证明下述定理.

定理 2.5.1[拉多定理(一个方程的情形)] (非零)整数系数方程

$$a_1 x_1 + a_2 x_2 + \cdots + a_n x_n = 0$$

是正则的充分必要条件是它的某些系数之和等于零.

因为舒尔定理可以表述成"方程

$$x_1 + x_2 - x_3 = 0$$

是正则的",从而它是上述拉多定理的一个简单特例. 另一方面,方程

$$x_1 + x_2 - 3x_3 = 0$$

不满足拉多定理的条件,所以它不是正则的. 也就是说,可以给出 N 的一个 k-染色,使得不存在同色的 x_1, x_2 和 x_3 合于 $x_1 + x_2 = 3x_3$. 在证明拉多定理中的必要条件时将会给出构造这种染色的一般方法. 下面先进行这部分证明.

拉多定理中条件必要性的证明 设任意选取的若干个 a_i 之和都不等于零,我们来给出 N 的一个有限染色,使得方程 $\sum_{i=1}^{n} a_i x_i = 0$(以下简记为 $\mathcal{L}_1$)没有单色解.

取一个适当大的素数 p,则任一 $m \in \mathbf{N}$ 可以唯一地写成 $m = p^b(pt + j)$,其中 b, t 是非负整数,$j \in [p-1]$. 定义 N 的 $(p-1)$- 染色 $f_p : \mathbf{N} \to [p-1]$ 为 $f_p(m) = j$. 现证在染色 f_p 下方程 $\mathcal{L}_1$ 没有单色解. 假设不然,即 $\mathcal{L}_1$ 有 j 色解 $x_1, x_2, \cdots, x_n$. 不妨设

$$x_i = p^{b_i}(pt_i + j) \quad (i = 1, 2, \cdots, n),$$
$$b_1 = \cdots = b_s < b_{s+1} \leqslant b_{s+2} \leqslant \cdots \leqslant b_n,$$

其中 $s \in [n]$,则

$$\sum_{i=1}^{n} a_i x_i = \sum_{i=1}^{n} a_i p^{b_i}(pt_i + j) = 0.$$

从而可得

$$\sum_{i=1}^{s} a_i(pt_i + j) \equiv 0(\mathrm{mod}\ p), \quad \sum_{i=1}^{s} a_i j \equiv 0(\mathrm{mod}\ p).$$

所以有

$$\sum_{i=1}^{s} a_i \equiv 0(\mathrm{mod}\ p).$$

如果在一开始就取素数 p 大于 $\sum_{i=1}^{n}|a_i|$（例如,对方程 $x_1 +$ $x_2 - x_3 = 0$ 可取 $p = 5$;对一般的方程 $\mathscr{L}_1$ 总可以取 $p \geqslant 1 + \sum_{i=1}^{n}|a_i|$）,则由上式可得

$$\sum_{i=1}^{n} a_i = 0,$$

这与已知任意个 a_i 之和都不等于零矛盾. 必要性证毕. □

为了证明拉多定理的充分性部分,先证明范德瓦尔登定理的一种强化形式.[①]

定理 2.5.2[范德瓦尔登定理(强化形式)] 对任意给定的 $l, k, s \in \mathbf{N}$,存在数 $N = N(l, k, s)$,使得把 $[N]$ k-染色后,必有 $a, d \in \mathbf{N}$ 使 $a + d, a + 2d, \cdots, a + ld$ 和 sd 同色.

证明 对 k 用归纳法证明. 当 $k = 1$ 时,只要取 $a = d = 1, N = \max\{l+1, s\}$ 即可. 设 $k > 1$,且对所有 $l, s \in \mathbf{N}$ 存在数 $N(l, k-1, s)$. 现证可取 $N = N(l, k, s) = sW(lN(l, k-1, s), k)$,这里 $W(m, k)$ 是范德瓦尔登数.

---

① 本节以下部分可先跳过不读.

设任意给定$[N]$的一个k-染色f,则根据函数$W(m,k)$的定义,在$[N]$的开始一段$[W(lN(l,k-1,s),k)]$中必有同色——不妨说是红色——的$lN(l,k-1,s)$项等差数列$\{a+id':i=1,2,\cdots,lN(l,k-1,s)\}$,这里的$a,d'\in\mathbf{N}$. 这时有下述两种可能:

(i)有一个$j\in[N(l,k-1,s)]$,使$sd'j$是红的. 这时如取$d=jd'$,即使得$a+d,a+2d,\cdots,a+ld$和$sd=sd'j$都是红的. $N=N(l,k,s)$即为所求.

(ii)对每个$j\in[N(l,k-1,s)]$,$sd'j$都不是红的. 于是集$sd'[N(l,k-1,s)]=\{sd'j:j\in[N(l,k-1,s)]\}$在染色$f$下只用到(除红色以外的)$k-1$种色. 而对集$sd'[N(l,k-1,s)]$的这个$(k-1)$-染色显然可以自然地产生$[N(l,k-1,s)]$的一个$(k-1)$-染色. 根据数$N(l,k-1,s)$的定义,有$A,D\in\mathbf{N}$使得$A+D,A+2D,\cdots,A+lD$和$sD$同色,不妨说都是蓝色. 于是$sd'(A+D),sd'(A+2D),\cdots,sd'(A+lD)$和$sd'(sD)$都是蓝的,令$a=sd'A,d=sd'D$即合于所求.

所以如果$N(l,k-1,s)$存在,则$N(l,k,s)$也存在,完成了定理的归纳法证明. $\square$

我们这里要用的是定理的下述推论:

推论 对任意给定的$l,s\in\mathbf{N}$以及$\mathbf{N}$的任一有限染色,存在$a,d\in\mathbf{N}$使得$2(l+1)$个数$\{a+\lambda d:|\lambda|\leqslant l\}$和$sd$同色.

证明 对 $2l+1$ 和 $s \in \mathbf{N}$ 以及 $\mathbf{N}$ 的任一有限染色,根据定理,必有 $a', d' \in \mathbf{N}$ 使得 $2l+2$ 个数

$$a'+d', a'+2d', \cdots, a'+(2l+1)d' \text{ 和 } sd'$$

同色. 取 $a=a'+(l+1)d', d'=d$,上面的 $2l+2$ 个数就是 $\{a+\lambda d : |\lambda| \leqslant l\}$ 和 sd. □

拉多定理中条件充分性的证明 设方程 $\mathscr{L}_1$ 中若干系数 a_i 之和为零. 不妨设前 $m(>0)$ 个系数之和 $a_1+a_2+\cdots+a_m=0$. 如果 $m=n$,则 $x_1=x_2=\cdots=x_n=1$ 是单色解. 设 $m<n$,记

$$A = \text{g. c. d.} \{a_1, a_2, \cdots, a_m\},$$
$$B = a_{m+1}+a_{m+2}+\cdots+a_n,$$
$$s = A/\text{g. c. d} \{A, B\}.$$

(其中 g. c. d. 表示最大合约数. 如果 $B=0$,则 $x_1=x_2=\cdots=x_n=1$ 仍是单色解,故可设 $B \neq 0$),显然有整数 t 使得

$$At+Bs=0.$$

并进一步还有整数 $\lambda_1, \lambda_2, \cdots, \lambda_m$ 使

$$a_1\lambda_1+a_2\lambda_2+\cdots+a_m\lambda_m=At.$$

这时我们已经求得方程 $\mathscr{L}_1$ 的一个参数形式的解

$$x_i = \begin{cases} a+\lambda_i d, & 1 \leqslant i \leqslant m, \\ sd, & m+1 \leqslant i \leqslant n, \end{cases}$$

其中 a 是任一整数,d 是任一正整数. 这点可以具体验证如下:

$$\sum_{i=1}^{n} a_i x_i = \sum_{i=1}^{m} a_i(a + \lambda_i d) + \sum_{i=m+1}^{n} a_i sd$$
$$= a\sum_{i=1}^{m} a_i + d\sum_{i=1}^{m} a_i \lambda_i + sd\sum_{i=m+1}^{n} a_i$$
$$= 0a + d(At + Bs) = 0.$$

现在取定一正整数 $l > \max\{|\lambda_1|, |\lambda_2|, \cdots, |\lambda_m|\}$，则对 l，$s \in \mathbf{N}$，根据上述推论可知有 $a, d \in \mathbf{N}$ 使得 $\{a + \lambda d : |\lambda| \leq l\}$ 和 sd 都同色. 但由 l 的选取可知这 $2(l+1)$ 个同色的数中一定含有方程 $\mathscr{L}_1$ 的一个解. □

下面是上述证明的一个例解. 设 $\mathscr{L}_1$ 是

$$x_1 + 3x_2 - 4x_3 + x_4 + x_5 = 0,$$

则相应的数分别是 $m = 3, A = 1, B = 2, s = 1, t = -2$ 以及 $\lambda_1 = 2, \lambda_2 = 0, \lambda_3 = 1$. 方程的参数形式的解是

$$x_1 = a + 2d, \quad x_2 = a, \quad x_3 = a + d, \quad x_4 = x_5 = d.$$

拉多定理的一般情形——它给出了整数系数的线性齐次方程组 $(\mathscr{L})$ 是正则的充分必要条件——这里不讨论了. 值得重新提到的是，从它可以直接推导出范德瓦尔登定理（强化形式）和福克曼定理. 拉多定理本身又在 1973 年得到 W. 杜勃尔（W. Deuber）的进一步推广.

§2.6 几种统一的观点

到目前为止，我们已经讨论过不少数学定理，而且也了解到发现——尤其是在早期——这些经典定理的背景很不

一样:拉姆塞是为了研究逻辑系统的判定问题,舒尔想要解决有限域上的费尔玛问题,范德瓦尔登成功地证明了一个非常吸引人的数论猜想,而埃尔德什和塞克尔斯则是想发现一种崭新类型的几何定理.这些各自独立发现的结果有什么共同特征呢? 更进一层,源出于这些经典定理而现在已被确认为一个数学分支的"拉姆塞理论"又有什么可以比较明确地界说的共同本性呢? 在对一些经典结果有所具体了解之后,我们在这一节将结合这些定理和另外一些结果提出几种统一的认识.下面按照从抽象到具体,或者说,从广义到狭义的顺序提出三种认识,也可以说是三种观点.

(A)哲理性的观点

葛立恒 1983 年 8 月在华沙举行的国际数学家大会上做题为"拉姆塞理论的新发展"的报告时一开始讲了这样一段话:

"数学常常被称为关于秩序的科学.根据这种观点,拉姆塞理论的主导精神也许可以用莫兹金的一句格言来做最好的概括:'不可能有完全的无序.'"

葛立恒很欣赏上面的那一句格言,差不多每当一般性地谈论拉姆塞理论时就会引用这句富于哲理的格言.著名的匈牙利组合学家洛瓦茨是这样概述拉姆塞理论的精神实质的,他的说法比上述格言具体些:

"每一种'不规则'的结构,只要它足够大,就将会含有指定大小的'规则'子结构."

拉姆塞定理(简式)本身是体现这种一般性观点的典型例子.用图论来表述也许更切合上述提法:任意一个点数足够大的图中,一定含有指定点数 q 的子图 G,G 的结构非常"规则"——它或者是 q 点的完全图 K_q,或者是 q 个(两两互不关联的)点组成的图.§2.1 的埃尔德什-塞克尔斯定理也是体现上述观点的典型例子.这类例子很多,其中有些实际上不过是拉姆塞定理的推论,它们当然符合洛瓦茨的上述观点.例如,关于单调子数列的结论就是这种例子:

任一项数足够多的实数列 $a_1, a_2, \cdots, a_n$ 中一定含有 l 项单调子数列,这里 l 是任意给定的正整数.

这个结论可以独立证明(见引子的命题 $0.4'$,那里还给出了更精确的定量结论——只要取 $n \geqslant (l-1)^2 + 1$ 即可保证结论成立),也可以利用拉姆塞定理得到.(见§1.4 中拉姆塞定理(无限式)的推论,那里的证明稍做改动就能用于这里的有限数列的情形,这时只要取 $n \geqslant R(l, l)$ 即可保证结论成立.但我们这里只关心结论的非定量部分——它也是拉姆塞理论中所有结论的根本方面.)下面再举一个性质相仿,但形式不同的例子.

假设由编号为 $1, 2, \cdots, n$ 的 n 个选手举行一次循环赛,规定比赛必须分出胜负,每个选手都要和其他 $n-1$ 个选手

比赛. 为了记录总共有 $\binom{n}{2}=\dfrac{n(n-1)}{2}$ 次比赛的全部结果,

我们定义这样一个有向图 T_n,称作 n 个点的竞赛图:先给出 n 个点 $1,2,\cdots,n$ 的完全图 K_n,然后对 K_n 的每条边 $\{i,j\}$ 定向:如果 i 胜 j,则赋以方向 $i\to j$(图 2-5 是 6 个点的一个竞赛图).

我们要说的结论是:

对任一给定的正整数 p,存在数 n_0,使得在任意一个有 $n\geqslant$ n_0 个点的竞赛图 T_n 中,一定有 p 个点,其编号为 $i_1<i_2<\cdots<i_p$ 或 $i_1>i_2>\cdots>i_p$,而且只要 $1\leqslant s<t\leqslant p$ 就有 $i_s\to i_t$.(也就

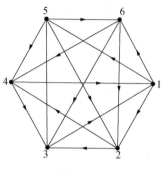

图 2-5

是说,或者有 p 个选手,其中编号小的都胜了编号大的;或者有 p 个选手,其中编号大的都胜了编号小的. 在图 2-5 所示的 T_6 中,两种情况都发生了;它们是 $1,5,6$ 和 $4,3,1$.)

上述结论完全符合洛瓦茨的说法:任意一次循环赛,其结果当然"不规则". 但只要参赛选手足够多,就一定含有指定个数 p 的 p 个选手,其比赛结果非常"规则". 结论所断言的数 n_0 的存在性实际上可以当作拉姆塞定理简式的一个相当直接的推论:取 $n_0=R(p,p)$ 即可. 因为可以根据 T_n 来规定 K_n 的边的一种 2-染色:K_n 中的一条边

$\{i,j\}_<$ 染成红色,如果在 T_n 中有 $i\to j$;否则这条边染成蓝色. 则当 $n\geqslant n_0=R(p,p)$ 时,K_n 中有各边同色的 K_p. 如果 K_p 的各边都是红色,则把它的 p 个点按其编号从小到大的次序记成 $i_1,i_2,\cdots,i_p$ 后,只要 $1\leqslant s<t\leqslant p$ 就有 $i_s\to i_t$;如果 K_p 的各边都是蓝色,则把它的 p 个点按其编号从大到小的次序记成 $i_1,i_2,\cdots,i_p$ 后,同样只要 $1\leqslant s<t\leqslant p$ 就有 $i_s\to i_t$.

对拉姆塞理论来说,所说的"无序"或"不规则"表现在"做任意有限分拆"上. 人们所关注的是下述类型的问题:如果具有某种结构的集被任意分拆成有限个类,哪些类型的子结构必定会完整地保留在至少一类之中? 这里所说的"结构"是一种广泛的提法. 比方说,拉姆塞定理是关于"子集结构"在任意有限分拆下的结论,舒尔定理和拉多定理则是关于"代数结构"在任意有限分拆下的结果. 在第三、四两章,我们还将分别讨论"组合结构"和"几何结构",这里不提前说明了.

(B)二分图的观点

这是利用二分图的模式来统一地描述拉姆塞理论的研究内容的一种具体的方式. 下面先给出几个定义.

设图 G 的点集已分拆成两个(非空)子集 $A\cup B$,而 G 的边集 $E\subseteq A\times B=\{(a,b):a\in A,b\in B\}$,则 G 称为一个二

分图,并记成 $G=G(A \cup B,E)$. 对正整数 k,我们把二分图 $G=G(A \cup B,E)$ 叫作 k-拉姆塞的,如果对于 B 的任一 k-染色,一定存在点 $a \in A$,使得 a 在 G 中所关联的所有点——它们是 B 的一个子集——都同色. 利用上述简单的概念,拉姆塞理论所研究的一般问题可以说成是:"研究怎样的二分图是 k-拉姆塞的."下面是说明这种表述的几个例子.

定理 2.6.1[舒尔定理(无限形式)] 对任意给定的 $k \in \mathbf{N}$,如下定义的二分图 $G(A \cup B,E)$ 是 k-拉姆塞的:
$$B=\mathbf{N}, \quad A=\{\{x,y,x+y\}:x,y \in \mathbf{N}\},①$$
$$E=\{(a,b):a \in A,b \in B,b \in a\}.$$

定理 2.6.2[范德瓦尔登定理(无限形式)] 对任意给定的 $l,k \in \mathbf{N}$,如下定义的二分图 $G(A \cup B,E)$ 是 k-拉姆塞的:
$$B=\mathbf{N}, \quad A=\{\{x,x+d,\cdots,x+(l-1)d\}:x,d \in \mathbf{N}\},$$
$$E=\{(a,b):a \in A,b \in B,b \in a\}.$$

各种结论的"有限形式"则可以这样来表述:

定理 2.6.3(范德瓦尔登定理) 对任意给定的 $l,k \in \mathbf{N}$,存在 $W(l,k) \in \mathbf{N}$,使得当 $n \geqslant W(l,k)$ 时,如下定义的二分图 $G(A_n \cup B_n,E_n)$ 是 k-拉姆塞的:
$$B_n=[n],$$

---

① 注意这里的 x 和 y 可以相等,所以 $\{x,y,x+y\}$ 一般是三元重集.

$$A_n = \{\{x, x+d, \cdots, x+(l-1)d\} : x, d \in \mathbf{N},$$
$$x+(l-1)d \leqslant n\},$$
$$E_n = \{(a,b) : a \in A_n, b \in B_n, b \in a\}.$$

定理 2.6.4（拉姆塞定理） 对任意给定的 $q, r, k \in \mathbf{N}$，存在 $n_0 = n_0(q, r, k)$，使得当 $n \geqslant n_0$ 时，如下定义的二分图 $G(A_n \cup B_n, E_n)$ 是 k-拉姆塞的：

$$A_n = [n]^{(q)}, \quad B_n = [n]^{(r)},$$
$$E_n = \{(a,b) : a \in A_n, b \in B_n, a \supseteq b\}.$$

（按照第一章的记号，这里仅断言数 $R^{(r)}(q, q, \cdots, q)$ 必存在. 对一般的 k 个数 $q_1, q_2, \cdots, q_k$，如记它们的最大者为 q，则按定义显然有 $R^{(r)}(q, q, \cdots, q) \geqslant R^{(r)}(q_1, q_2, \cdots, q_k)$，从而可知数 $R^{(r)}(q_1, q_2, \cdots, q_k)$ 必存在.）

我们不继续举例说明这种表述方式了. 最后应该指出，虽然用二分图模式能以统一的形式简明地表述拉姆塞理论的所有结论，但其作用也仅限于此. 到目前为止，这种模式还没有对拉姆塞理论的任何具体结论的证明给出贡献. 其原因也许在于这种模式太一般，从而对分析和处理具体的结构难有裨益.

图 2-6 所示的二分图 $G = G(A \cup B, E)$ 实际上是 2-拉姆塞的. 但要直接验证这个结论就要考察 B 的总共 2^{15} 个 2-染色. 事实上，这个二分图中的 $A = [6]^{(3)}$，$B = [b]^{(2)}$，$E = \{\{a,b\} : a \in A, b \in B, b \subset a\}$，它表示的正是六人集会问题.

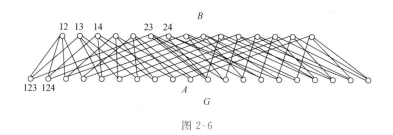

12 13 14   23 24   B

123 124   A   G

图 2-6

(C)* 超图的观点

超图(hypergraph)是一个非常一般的数学概念.所谓一个超图 $H = H(V, E)$,是由一个集合 V 以及 V 的某些子集的一个族 E 所组成的总体.V 的元素叫作超图 H 的点,E 中的子集叫作超图 H 的边,并要求每一边 $e \in E$ 至少含有两个点.当 H 的每一边都是二元集时,超图 $H(V, E)$ 就是前面所说的通常的图 $G(V, E)$.

超图 $H = H(V, E)$ 的点的一个 k-染色 $f: V \to [k]$ 叫作正常的,如果 H 的每一边中的各点不同色.根据定义,H 的一个正常的 k-染色同时也是正常的 k'-染色,这里的 k' 是 $\geqslant k$ 的任一数.现在可以定义超图 H 的色数 $\chi(H)$ 是使得 H 具有正常的 k-染色的最小正整数 k.当超图 $H(V, E)$ 等于通常的图 $G(V, E)$ 时,$\chi(H)$ 就是(通常的)图 G 的色数 $\chi(G)$.

例 设 $n \geqslant r \geqslant 2$,记 $V = [n], E = [n]^{(r)}$ 的超图 $H(V, E)$

为 $K_n^{(r)}$. 当 $r=2$ 时, $K_n^{(2)}$ 就是完全图 K_n. 从定义易知:

$$\chi(K_n^{(r)}) = \left\lfloor \frac{n}{r-1} \right\rfloor.$$

一个超图 $H=H(V,E)$ 可以这样确定一个二分图 $G=G(H)$:G 的点集(的 2-分拆)$A\cup B$ 定义为 $A=E$ 和 $B=V$;G 的边集定义为 $\{(e,x):e\in E, x\in V, x\in e\}$. 根据定义可得下述结论.

命题 2.6.1 超图 H 的色数 $\chi(H)>k$ 的充分必要条件是 H 所确定的二分图 $G(H)$ 是 k-拉姆塞的.

证明 命题不过是同一事实的两种不同表述方式,推理如下:

$H=H(V,E)$ 的色数 $\chi(H)>k$ ⇔其点集 V 的任一 k-染色都不是正常的⇔对 V 的任一 k-染色来说,都有 H 的边 $e\in E$ 使 e 中各点同色⇔根据二分图 $G(H)$ 的定义,$G(H)$ 的点 $e\in A$ 在 $G(H)$ 中所关联的点都同色⇔$G(H)$ 是 k-拉姆塞的. ☐

把从超图确定二分图的过程反转过来,就可以从二分图 $G=G(A\cup B,E)$ 确定一个超图 H,使得 $G=G(H)$. 这时定义 H 的点集为 B,G 的每一点 $a\in A$ 所关联的 B 的点的集定义为 H 的一边,所有如此得到的边的族是 H 的边集.

既然拉姆塞理论的所有结论都能用二分图的 k-拉姆塞性质来表述,根据二分图与超图的上述可以互相确定的紧密关系,拉姆塞理论的结论也一定可以用超图的色数性质来表述.下面是范德瓦尔登定理和拉姆塞定理的超图表述,其他结果与此类似.

对正整数 $n \geqslant l > 1$,用 $WH_{n,l}$ 表示这样的超图:其点集是 $[n]$,边集是 $\{\{x, x+d, \cdots, x+(l-1)d\} : x, d \in \mathbf{N}, x+(l-1)d \leqslant n\}$.

定理 2.6.5(范德瓦尔登定理的超图表述) 对任意给定的 $l > 1$,有

$$\lim_{n \to \infty} \chi(WH_{n,l}) = \infty.$$

(或者:对任意给定的 $l, k > 1$,存在 $W(l, k) \in \mathbf{N}$,使得当 $n \geqslant W(l, k)$ 时有 $\chi(WH_{n,l}) > k$.)

对正整数 $n \geqslant q > r$,用 $RH_{n,q,r}$ 表示这样的超图:其点集是 $[n]^{(r)}$,边集是 $\{S^{(r)} : S \subseteq [n], |S| = q\}$.

定理 2.6.6(拉姆塞定理的超图表述) 对任意给定的 $q > r$,有

$$\lim_{n \to \infty} \chi(RH_{n,q,r}) = \infty.$$

(或者:对任意给定的 $n \geqslant q > r$ 和 k,存在 $n_0 = n_0(q, r, k) \in \mathbf{N}$,使得当 $n \geqslant n_0$ 时有 $\chi(RH_{n,q,r}) > k$.)

按照超图的观点,拉姆塞理论所研究的是超图的色数理论的一类特殊问题,即发现并确认哪些类型的超图序列 H_n 有性质 $\chi(H_n) \to \infty$.和前面两种观点一样,现在讲的也

只是一种观点,是一种统一理解的形式表述,并不是一种具体的方法.下面我们用超图的色数的语言来表述并证明拉姆塞理论中的一个普遍性的结论——紧性原理.这说明超图的观点与前两种观点比起来要具体一些(下面关于紧性原理的证明可先跳过不读).

先说明有关超图的一个基本概念.设 $H = H(V, E)$ 是超图,对 $W \subset V$,可以根据 H 确定一个超图 $H\langle W \rangle$,叫作 H 在 W 上的导出子超图:$H\langle W \rangle$ 的点集是 W,边集是 E 的包含在 W 中的所有边的集,即 $\{e \in E : e \subseteq W\}$.

定理 2.6.7(紧性原理) 设超图 $H = H(V, E)$ 的点集 V 是无限集,E 中的边都是有限集.如果对正整数 k,H 的色数 $\chi(H) > k$,则一定有 V 的有限子集 W 使得 $\chi(H\langle W \rangle) > k$.

证明 这里只证明 V 是可数无限集的情形,因此可不妨假设 $V = \mathbf{N}$.以下将证明一定存在 $n \in \mathbf{N}$ 使得 $\chi(H\langle [n] \rangle) > k$,并简记 $H\langle [n] \rangle = H_n$.

(用反证法)假设对每个 $n \in \mathbf{N}$ 都有 $\chi(H_n) \leqslant k$,也就是说,对每个 $n \in \mathbf{N}$ 都有 H_n 的正常 k-染色 $f_n : [n] \to [k]$,现证由此可以给出 H 的正常 k-染色 $f^* : \mathbf{N} \to [k]$,从而 $\chi(H) \leqslant k$,导致矛盾.

考察无限数列 $\{f_n(1) : n \in \mathbf{N}\}$,因为数列的每一项

$f_n(1) \in [k]$，故必有无限集 $S_1 \subseteq \mathbf{N}$ 和数 $i_1 \in [k]$，使得当 $n \in S_1$ 时 $f_n(1) = i_1$. 接着再考察无限数列 $\{f_n(2) : n \in S_1\}$，同理有无限集 $S_2 \subseteq S_1$ 和数 $i_2 \in [k]$，使得当 $n \in S_2$ 时 $f_n(2) = i_2$. 接下去同理可知有无限集 $S_3 \subseteq S_2$ 和数 $i_3 \in [k]$，使得当 $n \in S_3$ 时 $f_n(3) = i_3$. 如此继续进行，即可得 $\mathbf{N}$ 的一个依次包含的无限子集的无限序列

$$\mathbf{N} \supseteq S_1 \supseteq S_2 \supseteq \cdots \supseteq S_j \supseteq S_{j+1} \supseteq \cdots$$

和每项都属于 $[k]$ 的无限数列

$$i_1, i_2, \cdots, i_j, i_{j+1}, \cdots$$

使得对每个 $j \in \mathbf{N}$，当 $n \in S_j$ 时 $f_n(j) = i_j$.

现在定义 $f^* : \mathbf{N} \to [k]$ 为 $f^*(j) = i_j (j \in \mathbf{N})$. 则 f^* 是超图 $H(V, E)$ 的正常 k-染色：因为对任一给定的边 $e \in E$，e 是 $\mathbf{N}$ 的有限子集，从而有 $m \in \mathbf{N}$ 使 $e \subseteq [m]$. 再取一个 $n_0 \in S_m$，则根据上述性质可知对每个 $j \in [m]$ 都有

$$f^*(j) = f_{n_0}(j).$$

因为 f_{n_0} 是 $H(V, E)$ 的正常 k-染色，所以 e 中各点在染色 f_{n_0} 下不同色，从而在染色 f^* 下也不同色，即 f^* 是 $H(V, E)$ 的正常 k-染色. □

根据紧性原理，拉姆塞理论的大多数定理的有限形式都能从相应的无限形式得到而无须一一证明. 下面用拉姆塞定理来说明这种推导.

对正整数 $q > r$，用 $RH_{q,r}$ 表示这样的超图：其点集 $V =$

$N^{(r)}$（这是一个可数无限集！），边集是 $\{S^{(r)}:S\subset N,|S|=q\}$.

从拉姆塞定理的无限形式易知，对任一给定的正整数 k

都有 $\chi(RH_{q,r})>k$. 根据紧性原理，一定有 V 的有限子

集 W 使 $\chi(RH_{q,r}\langle W\rangle)>k$，从而对任一包含 W 的有限集

$W'\subset N$ 也有 $\chi(RH_{q,r}\langle W'\rangle)>k$. 因为 $W\subset N^{(r)}$ 是有限集，故

必有 $n_0\in N$ 使 得 $W\subseteq[n_0]^{(r)}$，从 而 对 任 一 $n\geqslant n_0$ 有

$\chi(RH_{q,r}\langle[n]^{(r)}\rangle)>k$. 因为 $RH_{q,r}\langle[n]^{(r)}\rangle$ 正是前面所定义

的超图 $RH_{n,q,r}$，所以 $\chi(RH_{n,q,r})>k$，拉姆塞定理的有限形

式得证.

在结束这一小节关于拉姆塞理论的几种统一观点时，

还可以指出，使用范畴论的观点和方法对表述和证明拉姆

塞理论的一些结果很有用. 而且实际上通过这个观点已经

得到了不少深刻的结果，范畴论的观点和作用不在这里具

体介绍了.

拉姆塞理论和别的科学理论一样，人们主要是通过其

基本结论，而不是其形式定义来了解这种理论的. 这一章所

讲的正是拉姆塞理论的有代表性的基本定理. 在 §2.2 最

后提到的专著《拉姆塞理论》中，作者提出拉姆塞理论有六

个基本定理，并称之为 Super Six. 它们是：拉姆塞定理

（§1.4），范德瓦尔登定理（§2.3），舒尔定理（§2.2），拉多

定理（§2.5），哈尔斯-朱厄特定理（§2.3）和有限域上向量

空间的拉姆塞定理(§2.3).建议读者重温一下这六大定理的结论,并领会它们的共性.

习　题

1. 证明埃尔德什-塞克尔斯定理中定义的数 $N(4)=5$ 和 $N(5)=9$.

2. 直接证明 $S(6)\leqslant1978$.

3. 完整写出 $W_2(3)\leqslant325$ 的证明.再验证 $W_2(3)=9$.

4. 证明下述结论"把 **N** 任意分拆成二部分后,必有一部分含无限项等差数列"不成立.

5. 具体给出 **N** 的一个有限染色,使得方程

$$x_1+x_2-3x_3=0$$

没有单色解.

6. 给出有限域上向量空间的拉姆塞定理的超图表述.

三 图的拉姆塞理论

§3.1 回顾与推广

拉姆塞定理的简式是说:对任意给定的正整数 $p,q \geqslant 2$,存在正整数 n_0,使得当 $n \geqslant n_0$ 时,把 n 点完全图 K_n 的每一边任意染成红色或蓝色后,K_n 中或者含有各边都是红色的 K_p,或者含有各边都是蓝色的 K_q. 我们把 K_n 的后一性质用下面的"箭头符号"简单明了地表示成

$$K_n \longrightarrow (K_p, K_q). \qquad (1)$$

在第一章,我们把使得式(1)成立的数 n 的最小值记成 $R(p,q)$,现在也可以表示成

$$R(p,q) = R(K_p, K_q).$$

利用上述记号,拉姆塞定理有这样的图论推论:

对任意给定的两个图 G 和 H,存在正整数 n_0,使得当 $n \geqslant n_0$ 时有

$$K_n \longrightarrow (G, H). \qquad (2)$$

读者大概已经想到这个用箭头符号表示的关系(2)的含义，这里再明确地叙述一下：

式(2)表示，把 K_n 的每一边任意染成红色或蓝色后，K_n 中或者含有各边都是红色的图 G，或者含有各边都是蓝色的图 H.

如果图 G 和 H 的点数分别是 g 和 h，则由拉姆塞定理可知，当 $n \geqslant R(g,h)$ 时，式(2)必成立. 因为这时在边已做红、蓝染色的 K_n 中，或者含各边红色的 K_g，从而有全是红边的 G；或者含各边蓝色的 K_h，从而有全是蓝边的 H.

我们把使得式(2)成立的数 n 的最小值记成 $R(G,H)$. 为了有所区别，通常把数 $R(p,q)=R(K_p,K_q)$ 叫作经典拉姆塞数，而把数 $R(G,H)$ 叫作广义拉姆塞数. 从上述说明可知 $R(G,H) \leqslant R(g,h)$.

可以设想，当图 G 和 H 中的边数甚少时，$R(G,H)$ 会比 $R(g,h)$ 小得多. 不大容易想到的是，当 R 和 H 属于为数并不少的某些图类时，可以不太困难地求得 $R(G,H)$ 的精确值.

广义拉姆塞数的概念是 20 世纪 70 年代初由 F. 哈拉里(F. Harary)和 V. 许伐塔尔(V. Chvatal)提出来的. 他们在 1972 年最先确定了一大批广义拉姆塞数，由此开创了一个新的研究领域：它既是拉姆塞理论在图论方向上的有意义的发展，又是图论本身的新的有待探索的课题. 这个领域通常叫作拉姆塞图论或图的拉姆塞理论,在图论著作中常用前一名称,而在关于拉姆塞理论的著作中则较多使用后一名称,20 世纪 70 年代以来的十年间,它同时成为拉姆塞理论和图论中最活跃的研究方向之一. 它问世后如此引起人们的兴趣的一个基本原因说起来也合乎情理:几十年来,人们面对(经典)拉姆塞数束手无策,而当把概念自然地推广以后,表面上似乎复杂了,但实际上却不断地有所发现,求出了一批又一批广义拉姆塞数.[①]另外,因为图 G、H 可以千变万化,使得人们总能找到并非不可企及的新目标. 而且随着研究的深入,与图论的固有内涵交融更多. 所研究的也远不限于确定更多广义拉姆塞数,而是面向不断提出的更有深度的新问题.

葛立恒发表了这样的意见:"事实上这样说大致是可靠的:从图的拉姆塞理论中产生的结果将被认为比得知 $R(5,5)$［甚至 $R(p,q)$］的精确值更有价值、更有兴趣."在这一章中,我们就要证明一些此类结果.

和拉姆塞数 $R(q_1,q_2,\cdots,q_k)$ 一样,可以自然地把 2-染色推广到 k-染色. 这时对给定的 k 个图 $G_1,G_2,\cdots,G_k$ 来说,箭头符号

---

① 在拉德齐佐夫斯基的动态综述报告《小拉姆塞数》中,实际上大部分报道的是关于广义拉姆塞数的进展.

$$K_n \longrightarrow (G_1, G_2, \cdots, G_k) \qquad (3)$$

表示的关系是:对 K_n 的边集的任一 k-染色,必有某个 $i \in [k]$,使得 K_n 中含有各边都是 i 色的图 G_i. 而使得式(3)成立的数 n 的最小值记成 $R(G_1, G_2, \cdots, G_k)$. 如记图 G_i 的点数是 $q_i(i = 1, 2, \cdots, k)$,显然有 $R(G_1, G_2, \cdots, G_k) \leqslant R(q_1, q_2, \cdots, q_k)$.

§3.2 两个例子

我们在这一节用两个简单的具体例子来说明某些广义拉姆塞数是怎样被确定的. 读者从这两个例子中也可以领悟为什么在有些情况下,求广义拉姆塞数反而不太困难.

先定义一类很特殊的图,叫作星图. $n+1$ 个点的星图记为 $K_{1,n}$,如图 3-1 所示.

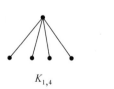

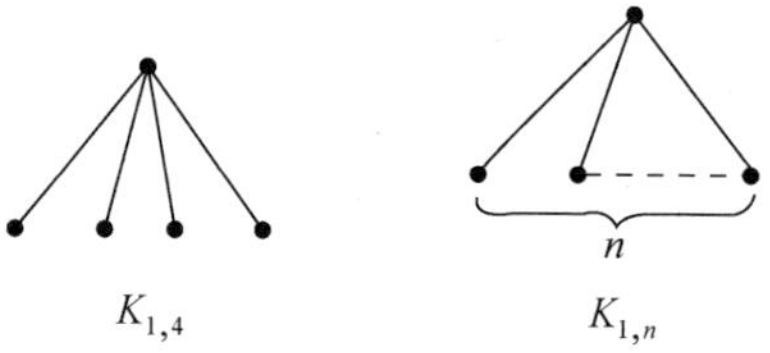

$$K_{1,4} \qquad\qquad K_{1,n}$$

图 3-1

例 1 $R(K_{1,4}, K_{1,4}) = 7$.

证明 (i)先证 $R(K_{1,4}, K_{1,4}) > 6$,为此只要给出 K_6 的边集的一种具体的 2-染色,使得染色后的 K_6 中不含单色的 $K_{1,4}$. 图 3-2(a)就是这样一种 2-染色,那里只画出一种颜色的全部边(称为实边),6 个点中不以实边相连的每一对点都设想以虚边——即另一种颜色的边——相连.对 K_6 的这种 2-染色来说,因为每一点只连出两条实边,所以不可能有全是实边的 $K_{1,4}$;而因每一点又只连出三条虚边,所以也没有全是虚边的 $K_{1,4}$.

(ii)再证 $R(K_{1,4},K_{1,4})\leqslant 7$.这等于要证明这样的结论:把 K_7 的边集任意分拆成实和虚两类后,K_7 中或者含有全是实边的 $K_{1,4}$,或者含有全是虚边的 $K_{1,4}$.这个结论很容易证明:考察 K_7 的任意一点,因从此点共连出六条边,如果其中实边数 $\geqslant 4$,则已有全是实边的 $K_{1,4}$;而当其中实边数 $\leqslant 2$ 时,其虚边数 $\geqslant 4$,从而得到全是虚边的 $K_{1,4}$.所以我们只要再讨论 K_7 的每一点恰好连出三条实边,从而也恰好连出三条虚边的情形,这时从每一点连出的实边个数之和是 3×7,它应该等于 K_7 中实边总数的二倍——一个偶数,导致矛盾.这个矛盾说明最后讨论的情形不可能发生.

(i)和(ii)合起来说明 $R(K_{1,4},K_{1,4})=7$. $\square$

上述证明很容易——至少比 $R(3,3)=6$ 的证明容易,其原因在于 5 点星图 $K_{1,4}$ 的结构特别简单.具体地说,判定一个图中是否含有单色的 5 点星图等价于判定是否有一点连出了 4 条同色边.注意到如果把 5 点星图换成 5 点完全图 K_5,则相应的问题变成求拉姆塞数 $R(K_5,K_5)=R(5,5)$——一个至今还无法解决的难题.

例 2　$R(K_{1,3},K_5)=13$.

证明 (i)先证 $R(K_{1,3},K_5)>12$. 为此只要能把 K_{12} 的边集适当地分拆成实和虚两类,使得 K_{12} 中既不含有全是实边的 $K_{1,3}$,又不含有全是虚边的 K_5 即可. 图 3-2(b)就是合乎这种要求的一种分拆. 和例 1 一样,我们只画出了全部实边. 很明显,图 3-2(b)中不含有全是实边的 $K_{1,3}$,也不含有全是虚边的 K_5,这是因为任取 5 点后,其中必有两点以实边相连.

(ii)再证 $R(K_{1,3},K_5)\leqslant13$. 这等于要证明这样的结论:把 $K_{1,3}$ 的边集任意分拆成实和虚两类后,如果每一点都至多连出两条实边——即不含有全是实边的 $K_{1,3}$,则必含有全是虚边的 K_5. 这个结论正是第一章的习题 2. □

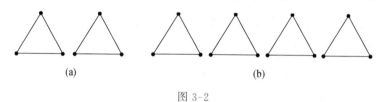

(a)　　　　　　　　(b)

图 3-2

和例 1 一样,例 2 的证明也很容易. 同样可以注意到,如果把 4 点星图 $K_{1,3}$ 换成 4 点完全图 K_4,则相应的问题变成求 $R(K_4,K_5)=R(4,5)$——直到 1995 年才艰难求得它是 25.

我们将在下一节分别把这两个例子推广成两个定理,它们都是图的拉姆塞理论的最早被发现的典型结果. 为了进行这种推广,我们先在这里对一类在理论和应用上都非常重要的图做一简单介绍,这类图叫作树.树可以用很多等价的方式来定义,下面是一种比较直观的方式.

图 G 的一个依次有边相连的点序列

$$x_1,x_2,\cdots,x_l(l>1)$$

称为 G 中从 x_1 到 x_l 的一条途径.当 $x_1=x_l$ 时,这条途径称为闭途径.如果 G 中从任意一点到任一其他点都有一条途径,则 G 称为连通的.至少有 2 个点的连通而又不含闭途径的图称为树.

图 3-3 列出了有 6 个点的所有不同的树.

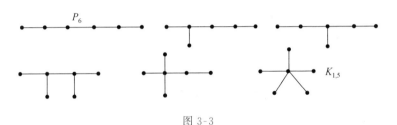

图 3-3

树有很多性质.例如, n 点树恰好有 $n-1$ 条边.事实上,树可以定义为边数比点数少 1 的连通图.这里不继续讨论树的其他性质,而只证明我们将要用到的一个性质.

在图 G 中,从点 x 连出的边的条数叫作点 x 在 G 中的度(degree). G 中度为 1 的点叫作 G 的末端点,从末端点连出的一条唯一的边叫作在该点的末端边.

命题 3.2.1 任一树 T 中至少有两个末端点①.

证明 假设 T 至多只有一个末端点,记为 x_0(如 T 没有末端点,则任意取定一点为 x_0). 则 G 中除 x_0 以外的每点的度 $\geqslant 2$. 现从 x_0 出发沿从 x_0 连出的一条边 $\{x_0, x_1\}$ 到达另一点 x_1. 因 x_1 的度 $\geqslant 2$,则从 x_1 连出的边中至少有一条以前没有走过,记为 $\{x_1, x_2\}$,于是可沿此边走到 x_2. 类似地考虑 x_2,必可沿以前没走过的边 $\{x_2, x_3\}$ 到达点 x_3. 如此继续进行,因 T 只有有限个点,故必在某一步上不得不回到以前已到过的点,从而得到 T 的一条闭途径,导致矛盾. $\square$

§3.3 两个定理和一些结果

定理 3.3.1(许伐塔尔,1977) 设 T_p 是 p 个点的树,则有

$$R(T_p, K_q) = (p-1)(q-1) + 1.$$

证明 (i)先证 $R(T_p, K_q) > (p-1)(q-1)$. 为此我们给出 $K_{(p-1)(q-1)}$ 的边集的如下 2-分拆:

先把 $(p-1)(q-1)$ 个点分拆成 $q-1$ 组,每组 $p-1$ 个点. 再在每一组内用实边把 $p-1$ 个点连成完全图 K_{p-1},不在同一组的任意两点用虚边相连. 图 3-4 是边集做如此实、

---

① 注意在树的定义中规定它至少有 2 个点.

虚分拆后全部实边构成的$(p-1)(q-1)$个点的图,它叫作 $q-1$ 个 K_{p-1} 的并,记为$(q-1)K_{p-1}$.

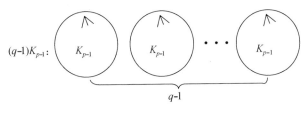

图 3-4

容易验证这时的 $K_{(p-1)(q-1)}$ 中既不含有全是实边的 T_p,又不含有全是虚边的 K_q.

(ii)再证 $R(T_p, K_q) \leqslant (p-1)(q-1)+1$.

当 $p=2$ 或 $q=2$ 时结论显然成立.现对 $p+q$ 用归纳法证明上述不等式成立.

设 $p>2, q>2$.在 T_p 中任意取定一个末端点 x,记与 x 关联的末端边为 $\{x, y\}$.在 T_p 中去掉点 x 和边 $\{x, y\}$ 后留下的 $p-1$ 个点的图显然仍是树,记为 T'.现在来考察把 $K_{(p-1)(q-1)+1}$ 的边集任意分拆成实和虚两类后的情况.

根据归纳假设,这时或者出现全是实边的 $p-1$ 个点的树 T',或者出现全是虚边的 K_q.若后一情况发生,则已得结论.故设前一情况成立.在 $K_{(p-1)(q-1)+1}$ 中去掉 T' 的全部 $p-1$ 个点以及与这 $p-1$ 个点某一点相连的每一条边后,留下的是(边集已分拆成实和虚两类的)$K_{(p-1)(q-2)+1}$.仍根据归纳假设,在留下的 $K_{(p-1)(q-2)+1}$ 中,或者出现全是

实边的 T_p——这时已得结论;或者出现全是虚边的 K_{q-1},设这一情况发生,这时再来看原来的 $K_{(p-1)(q-1)+1}$,它含有全是实边的 T' 和全是虚边的 K_{q-1},而且这个 T' 和 K_{q-1} 没有公共点.考察 T' 的点 y 与这个 K_{q-1} 的 $q-1$ 个点所连的 $q-1$ 条边:如果其中有实边 $\{y,x'\}$,则把边 $\{y,x'\}$ 和点 x' 添加到 T' 上后得出全是实边的树 T_p;如果全是虚边,则把这 $q-1$ 条虚边和点 x' 添加到 K_{q-1} 后得出全是虚边的 K_q.(ii)证毕.

(i)和(ii)合起来即得定理. □

§3.2 的例 2 的结论 $R(K_{1,3},K_5)=13$ 是定理 3.3.1 当 $p=4$ 和 $q=5$ 时的特例.但 §3.2 的例 1 的结论 $R(K_{1,4},K_{1,4})=7$ 并非如此,它是伯尔(S. Burr)在 1974 年证明的下述定理的特例.

定理 3.3.2 设 T_p 是任一 p 个点的树,$K_{1,q}$ 是 $q+1$ 个点的星图,而且 $p-1$ 整除 $q-1$.则有

$$R(T_p,K_{1,q})=p+q-1.$$

证明 (i)先证 $R(T_p,K_{1,q})>p+q-2$.

记 $m=(q-1)/(p-1)$,则 $p+q-2=(m+1)(p-1)$.和定理 3.3.1 一样,我们这样把 $K_{(m+1)(p-1)}$ 的边集分拆成实和虚两类:由实边构成的 $(m+1)(p-1)$ 个点的图是 $m+1$ 个 K_{p-1} 的并 $(m+1)K_{p-1}$(参见图 3-4).

容易验证,如此构作的由实、虚两种边组成的

$K_{(m+1)(p-1)}$ 中既不含有全是实边的 T_p,又不含有全是虚边的 $K_{1,q}$——因为从任意一点连出的虚线正好只有 $m(p-1)=q-1$ 条.

(ii)再证 $R(T_p,K_{1,q})\leqslant p+q-1$.

证明的思路也和定理 3.3.1 的(ii)相仿.因当 $p=2$ 时结论对任一正整数 q 成立,现对 $p+q$ 用归纳法证明.设 $p>2$,仍在 T_p 中任意取定一个末端点 x,记与 x 关联的末端边为 $\{x,y\}$.在 T_p 中去掉点 x 和边 $\{x,y\}$ 后留下的 $p-1$ 个点的树记为 T'.现在来考察把 K_{p+q-1} 的边集任意分拆成实和虚两类后的情况.

根据归纳假设,这时或者出现全是实边的 $p-1$ 个点的树 T',或者出现全是虚边的 $K_{1,q}$.若后一情况发生,则已得结论.故设其不发生,从而前一情况必发生.在 K_{p+q-1} 的 $p+q-1$ 个点中除去属于 T' 的 $p-1$ 个点外还有 q 个点.因 K_{p+q-1} 中不含全是虚边的 $K_{1,q}$,故在 y 与那 q 个点的连边中必有实边 $\{y,x'\}$,把点 x' 和边 $\{y,x'\}$ 添加到 T' 上后得到全是实边的 T_p.(ii)证毕.

(i)和(ii)合起来即得定理. □

应该指出,当 $p-1$ 不整除 $q-1$ 时,情况大大复杂化了.这时上述证明中的(ii)仍适用,从而不等式 $R(T_p,K_{1,q})\leqslant p+q-1$ 成立.但(i)的构作完全依赖于 $p-1$ 整除 $q-1$ 这个假设,故不适用.已证明当 q 充分大时,对几乎所有的树

T_p,结论 $R(T_p,K_{1,q})=p+q-2$ 成立.

人们已经对好几种类型的图 G,H 求得了相应的广义拉姆塞数 $R(G,H)$. 一般说来,当 G,H 中至少一个边数很少(所谓的稀疏图)时,比较有可能了解 $R(G,H)$. 除了完全图 K_n 和星图 $K_{1,n}$ 外,通常最先考虑的是这样两类图:路和圈.

恰好有 2 个末端点的树叫作路,易知路中除 2 个末端点外,每一点的度都是 2. n 个点的路记为 P_n. P_6 如图3-3所示. 在 P_n 的 2 个末端点间加一条连边后所得到的 n 点图叫作 n 个点的圈,记为 C_n,下面是与路和圈有关的一部分广义拉姆塞数的结果.

• 当 $2\leqslant m\leqslant n$ 时,$R(P_m,P_n)=m+\left\lfloor\dfrac{n}{2}\right\rfloor-1$.

• 当 $3\leqslant m\leqslant n$ 时,$R(C_m,C_n)$分下列四种情况给出:

(i)当 m 是奇数且$(m,n)\neq(3,3)$时,
$$R(C_m,C_n)=2n-1;$$

(ii)当 m 和 n 都是偶数且$(m,n)\neq(4,4)$时,
$$R(C_m,C_n)=n+\frac{m}{2}-1;$$

(iii)当 m 是偶数而 n 是奇数时,
$$R(C_m,C_n)=\max\left\{n+\frac{m}{2}-1,2m-1\right\};$$

(iv)$R(C_3,C_3)=R(C_4,C_4)=6.$

- 当 $m \geqslant n \geqslant 1, m \geqslant 2$ 时, $R(mK_3, nK_3) = 3m + 2n$.

- 当 $m \geqslant 3, n \geqslant 1$ 时,

$$R(C_m, K_{1,n}) = \begin{cases} 2n+1, & \text{若 } m < 2n \text{ 且 } m \text{ 是奇数}; \\ m, & \text{若 } m \geqslant 2n. \end{cases}$$

(当 $m < 2n$ 且 m 是偶数时值未定)

对广义拉姆塞数 $R(G_1, G_2, \cdots, G_k)$ 也有一些结果. 当 $G_1 = G_2 = \cdots = G_k$ 时, 用 $R_k(G)$ 来记 $R(G_1, G_2, \cdots, G_k)$.

- $R(K_{1,n_1}, K_{1,n_2}, \cdots, K_{1,n_s}) = \sum\limits_{i=1}^{k}(n_i - 1) + \theta_e$, 这里的 θ_e 当 $\sum\limits_{i=1}^{k}(n_i - 1)$ 以及某一 n_i 都是偶数时为 1, 其他情况为 2.

- $R_k(P_3) = \begin{cases} 2k+2, & \text{若 } k \equiv 1 (\bmod\ 3), \\ 2k+1, & \text{若 } k \equiv 2 (\bmod\ 3), \\ 2k \text{ 或 } 2k+1, & \text{若 } k \equiv 0 (\bmod\ 3), \end{cases}$

- $R_k(C_4)$ 尚未完全确定, 现已证得

$R_k(C_4) \leqslant k^2 + k + 2$, 对任一 $k \geqslant 1$ 成立,

$R_k(C_4) \geqslant k^2 - k + 2$, 对 $k =$ 素数幂 $+ 1$ 时成立.

这样的结果还有不少, 当然完全给出精确值的并不太多, 其中大量结果是广义拉姆塞数的上界或下界, 以及 $R_k(G)$ 当 $k \to \infty$ 时的渐近性质. 在拉德齐佐夫斯基的动态综述报告《小拉姆塞数》中, 也全面报道了关于广义拉姆塞数的新进展, 这里不再罗列了. 我们只举出一个"小"的未解决

问题来展现未知世界之浩大.

设 T_p 是一有 p 个点的树. 什么是 $R(T_p, T_p)$ 的表达式? 它和 T_p 的什么结构有关?

图的拉姆塞理论并非限于研究广义拉姆塞数,或者更准确地说,其研究范围和内容日益拓广和深化. 下面两节将分别从拓广和深化这两个方面来讨论这个由拉姆塞理论和图论交融而成的组合学新课题.

§3.4* 二分图与有向图

我们已经把拉姆塞定理所讨论的关系表示成

$$K_n \longrightarrow (K_{q_1}, K_{q_2}, \cdots, K_{q_k}),$$

并把它推广成

$$K_n \longrightarrow (G_1, G_2, \cdots, G_k),$$

在这种表示方式下,自然地促使人们再进一步推广成关系

$$F \longrightarrow (G_1, G_2, \cdots, G_k). \tag{4}$$

这里的 F 是图,但可以不是完全图. "箭头关系"(4)所表示的是这样的性质:对图 F 的边集做任意的 k-染色后,必有 $i \in [k]$ 使得 F 中含有边都是 i 色的图 G_i.

当 F 是一般的图时,情况非常复杂,我们将在下一节做初步讨论. 在这一节只讨论两种相对来说比较简单的情形: H 是完全的二分图 $K_{n,n}$ 和 H 是完全的对称有向图 DK_n. 这两种图都是完全图,只是所处理的图类已分别是二

分图和有向图了.

（A）二分图的拉姆塞定理

$K_{n,n}=G(A\bigcup B,E)$ 是这样的二分图:其点集分拆成两个 n 点集 A 和 B,边集 $E=\{(a,b):a\in A,b\in B\}$.我们首先要考察的是关于二分图的拉姆塞定理是否成立.具体地说,对任意给定的 k 个二分图 $G_1,G_2,\cdots,G_k$,是否存在 n_0,使得当 $n\geqslant n_0$ 时有 $K_{n,n}\longrightarrow(G_1,G_2,\cdots,G_k)$? 答案是肯定的,而且其证明也很容易,但这却不是拉姆塞定理的一个直接推论.下面就是肯定回答,我们将用另一种等价的表述方法来证明这个结论.

定理 3.4.1　对任意给定的正整数 p,k,一定存在数 n_0,使得当 $n\geqslant n_0$ 时有

$$K_{n,n}\longrightarrow(\underbrace{K_{p,p'},K_{p,p'},\cdots,K_{p,p'}}_{k}).\qquad(5)$$

推论　对任意给定的 k 个二分图 $G_1,G_2,\cdots,G_k$,一定存在数 n_0,使得当 $n\geqslant n_0$ 时有

$$K_{n,n}\longrightarrow(G_1,G_2,\cdots,G_k).\qquad(6)$$

证明　因为一定有 p,使 $K_{p,p}$ 中含有每个二分图 $G_i(i=1,2,\cdots,k)$.

二分图可以用元素是 0 或 1 的矩阵[简称为(0,1)-矩阵]来表示,这种表示方式特别适用于这里要讨论的内容.

设 $G = G(A \cup B, E)$ 是二分图,其中 $A = \{a_1, a_2, \cdots,$ $a_m\}, B = \{b_1, b_2, \cdots, b_n\}$. 则 G 完全确定了如下定义的 $m \times n$ 的 $(0, 1)$-矩阵 $\boldsymbol{M} = \boldsymbol{M}(G)$:$\boldsymbol{M}$ 的 (i, j) 位置处的元素 m_{ij},当 $(a_i, b_j) \in E$ 时为 1,否则为 $0(i \in [m], j \in [n])$. 图 3-5 是说明此定义的一个简单的例子.

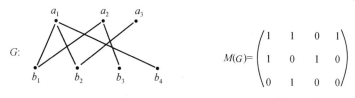

$$M(G) = \begin{pmatrix} 1 & 1 & 0 & 1 \\ 1 & 0 & 1 & 0 \\ 0 & 1 & 0 & 0 \end{pmatrix}$$

图 3-5

$\boldsymbol{M} = \boldsymbol{M}(G)$ 叫作二分图 G 的矩阵. 当然,矩阵的元素 0 和 1 可以用别的两个记号 x 和 y 来代替,相应的 $m \times n$ 的 (x, y)-矩阵同样也完全表示了 G. 这里用 0 和 1 这两个记号只是为了简单,别无他意. 显然,$K_{n,n}$ 的矩阵是元素都等于 1 的 $n \times n$ 矩阵. 对 $K_{n,n}$ 的边集用 $1, 2, \cdots, k$ 种颜色所做的一个 k-染色可以用元素属于 $[k]$ 的一个 $n \times n$ 矩阵 $\boldsymbol{M}_k$ 来表示:$\boldsymbol{M}_k$ 的 (i, j) 位置处的元素等于相应的边 (a_i, b_j) 所染的颜色种类. 这里记 $K_{n,n}$ 的点集是 $\{a_1, a_2, \cdots, a_n\} \cup \{b_1, b_2, \cdots, b_n\}$. 用这种方式可以把定理 3.4.1 表述如下.

定理 3.4.2 对任意给定的正整数 p, k,一定存在数 n_0,使得当 $n \geqslant n_0$ 时,元素属于 $[k]$ 的任意一个 $n \times n$ 矩阵中一定有每个元素都等于同一值的 $p \times p$ 子矩阵.

(这个定理也叫作用矩阵形式表示的抽屉原理. 下面证

明的结论要稍强一些：我们证明一定存在正整数 m_0 和 n_0，使得当 $m \geqslant m_0$ 和 $n \geqslant n_0$ 时，元素属于 $[k]$ 的任意一个 $m \times n$ 矩阵中一定有元素为同一值的 $p \times p$ 子矩阵.）

证明　只要取 $m_0 = k(p-1)+1$ 和 $n_0 = k^{m_0}(p-1)+1$，即可保证元素属于 $[k]$ 的任一 $m_0 \times n_0$ 矩阵中一定有元素为同一值的 $p \times p$ 子矩阵. 因为 $m_0 \times n_0$ 矩阵的每一列有 m_0 个元，每个元有 k 种可能的取值，所以 $m_0 \times n_0$ 矩阵中至多只有 k^{m_0} 种不同的列. 根据抽屉原理，在总共 $n_0 = k^{m_0}(p-1)+1$ 个列中一定有 p 列彼此相同. 也就是说，由这 p 列组成的 $m_0 \times p$ 子矩阵中，每一行的元素为同一值. 因为只有 k 种值且 $m_0 = k(p-1)+1$，仍由抽屉原理可知其中必有 p 行彼此相同，于是这 p 行和 p 列所组成的子矩阵的所有元素都等于同一值.　　　　　　　　　　　□

和以往一样，对二分图 $G_1, G_2, \cdots, G_k$，我们把使得关系
$$K_{n,n} \longrightarrow (G_1, G_2, \cdots, G_k) \tag{6}$$
成立的数 n 的最小值叫作二分图的拉姆塞数，记成 $BR(G_1, G_2, \cdots, G_k)$. 因为 K_{2n} 中含有 $K_{n,n}$，故显然有不等式
$$R(G_1, G_2, \cdots, G_k) \leqslant 2BR(G_1, G_2, \cdots, G_k) \tag{7}$$
但除式(7)外，$R(G_1, G_2, \cdots, G_k)$ 与 $BR(G_1, G_2, \cdots, G_k)$ 并无其他已知的一般成立的关系. 因为二者的定义虽然在性质上相类似，但具体方式很不相同. 而且式(7)中的等式一般不成立. 例如，当 $k=2$，$G_1 = G_2 = K_{1,q}$ 时，则由定理 3.3.2 可

知 $R(K_{1,q},K_{1,q})=2q$；但容易验证 $BR(K_{1,q},K_{1,q})=2q-1$.

一般来说，求二分图的拉姆塞数也很困难. 下面我们讲一个 1975 年发表的结果，我们可以从中体会到问题的困难所在. 要讨论的问题可以说是最简单的非平凡情形：$G_1=G_2=K_{2,n}$，求 $BR(G_1,G_2)$. 这里用 $K_{m,n}$ 表示这样的 $m+n$ 个点的二分图，其点集分拆成一个 m 点集 A 和一个 n 点集 B，其边集是 $\{(a,b):a\in A,b\in B\}$. $K_{1,n}$ 就是 $n+1$ 个点的星图，而且容易证明有 $BR(K_{1,n},K_{1,n})=2n-1$. 再进一步就是 $K_{2,n}$ 了. 下面要讲的结果把确定 $BR(K_{2,n},K_{2,n})$ 与一个著名的数学概念联系起来，这个数学概念就是以著名的法国数学家 J. 阿达玛（J. Hadamard,1865—1963）命名的矩阵. 这种意外的不期而遇给人们带来了很大的惊喜.

定义 3.4.1 一个 $n\times n$ 的 $(1,-1)$- 矩阵 $\boldsymbol{H}=[h_{ij}]$（$1\leqslant i,j\leqslant n$）叫作 n 阶阿达玛矩阵，如果 $\boldsymbol{H}$ 的任意不同的两行正交，即当 $1\leqslant i\neq j\leqslant n$ 时有 $\sum_{k=1}^{n}h_{ik}h_{jk}=0$.

不难证明，如果存在 n 阶阿达玛矩阵，则 $n=2$ 或 $n\equiv 0(\bmod\ 4)$. 人们猜测反过来也对：当 $n\equiv 0(\bmod\ 4)$ 时一定存在 n 阶阿达玛矩阵. 这个猜测至今尚未得到证实. 因为利用阿达玛矩阵可以得到区组设计和其他有意义的组合结构，所以上述关于存在 n 阶阿达玛矩阵的充要条件的猜想是当今离散数学的最有意义的未解决问题之一. 下面要讲的关于二分图的拉姆塞数的结果与这个猜想有关——这当然不是说为确定所论的一类二分图的拉姆塞数,必须依赖于某个阶数的阿达玛矩阵的存在性,这类拉姆塞数完全有可能通过其他途径来确定,而是说明通过阿达玛矩阵这种组合结构可以部分地解决我们的问题.

为简便计,我们把 $BR(G,G)$ 记成 $B(G)$. 下面的定理是 L. W. 贝内基(L. W. Beineke)和 A. J. 许文克(A. J. Schwenk)在 1975 年得到的:

定理 3.4.3 (i)对任一 $n \geqslant 2$ 有 $B(K_{2,n}) \leqslant 4n-3$.

(ii)当 $n=2$ 或 $n>2$ 是奇数且存在 $2n-2$ 阶阿达玛矩阵时,$B(K_{2,n})=4n-3$;

(iii)如果存在 $4n-4$ 阶阿达玛矩阵,则有 $B(K_{2,n}) \geqslant 4n-4$.

证明 (i)不等式 $B(K_{2,n}) \leqslant 4n-3$ 可以用(0,1)-矩阵的语言表述成下述结论:

对任一 $n \geqslant 2$,在任意给定的一个 $(4n-3) \times (4n-3)$ 的 (0,1)-矩阵 M 中一定含有元素全是 1 或元素全是 0 的 $2 \times n$ 子矩阵.

现在来证明这个用矩阵形式表述的结论. 首先,不妨设 M 中元素 1 的个数大于 $\frac{1}{2}(4n-3)^2$(否则可以讨论 0),这时我们用反证法证明 M 中一定含有元素全是 1 的 $2 \times n$ 子矩阵.假设 M 中不含有元素全是 1 的 $2 \times n$ 子矩阵,下面用两种方法来数出 M 中元素全是 1 的 2×1 子矩阵 $J_{2,1}$ 的个数.

(a)按行计数.因为 M 中不含有 $2 \times n$ 的全 1 子矩阵,所以 M 的任意两行所构成的 $2 \times (4n-3)$ 子矩阵中所含 $J_{2,1}$ 的个数 $\leqslant n-1$,从而 M 中所含 $J_{2,1}$ 的个数 $\leqslant (n-1) \times$ $\binom{4n-3}{2} = (n-1)(4n-3)(2n-2)$,右端的数记为 $\sharp(a)$.

(b)按列计数.记 M 的第 j 列中 1 的个数是 d_j,$1 \leqslant j \leqslant 4n-3$.则 M 中所含 $J_{2,1}$ 的个数是

$$\sum_{j=1}^{4n-3} \binom{d_j}{2} = \sum_{j=1}^{4n-3} \frac{1}{2} d_j(d_j-1), \tag{8}$$

其中 $4n-3$ 个整数 d_j 满足条件

$$0 \leqslant d_j \leqslant 4n-3,$$

$$\sum_{j=1}^{4n-3} d_j (= M \text{ 中 1 的个数}) > \frac{1}{2}(4n-3)^2.$$

不难证明,在满足上述条件的 $4n-3$ 个整数 d_j 中,当它们的总和最小且尽可能平均分布时,式(8)所表示的值最小.也就是说,当其中 $2n-2$ 个 $d_j = 2n-2$,$2n-1$ 个 $d_j = 2n-1$ 时,$\sum_j \binom{d_j}{2}$ 最小.从而可知 M 中所含 $J_{2,1}$ 的个数 $\geqslant$ $(2n-2)\binom{2n-2}{2} + (2n-1)\binom{2n-1}{2}$,右端的数记

为 $\#(b)$.

按定义应有 $\#(a) \geqslant \#(b)$，但容易直接算得

$$\#(a) = (n-1)(8n^2 - 14n + 6)$$
$$< \#(b) = (n-1)(8n^2 - 14n + 7),$$

从而导致矛盾. 结论(i)证毕.

(ii)我们只要证明下述结论:假设存在 $2n-2$ 阶的阿达玛矩阵 H(注意这时 n 必定是 2 或奇数),则一定可构作一个 $(4n-4) \times (4n-4)$ 的 $(1,-1)$-矩阵 M，使得 M 中不含 $2 \times n$ 的全 1 或全 -1 的子矩阵.[从而有 $B(K_{2,n}) > 4n-4$.]

令

$$M = \begin{pmatrix} H & -H \\ -H & H \end{pmatrix}$$

即合于所求. 证明这一点只要利用 $2n-2$ 阶阿达玛矩阵 H 的这样一个明显的性质:在 H 的任意两个不同的行中,同一列的两个元素或者同号(同为 1 或 -1),或者异号;同号的列数=异号的列数=$n-1$. 现证 M 中不含有 $2 \times n$ 的全 1 或全 -1 的子矩阵.

任取 M 的第 i,j 两行,设 $i < j$. 如果 $i \leqslant 2n-2, j = 2n-2+i$,则这两行的每一列上的元素都异号,结论显然成立. 再考察其他情形,我们把 M 中第 i 和第 j 两行构成的 $2 \times (4n-4)$ 矩阵记为

$$M[i,j] = \begin{pmatrix} \alpha & -\alpha \\ \beta & -\beta \end{pmatrix},$$

α 和 β 分别是 H 和 $-H$ 中行标不同的行. 因为 α 和 β 中元素同号的列数＝元素异号的列数＝$n-1$，所以如设 $M[i,j]$ 中含有 $2 \times n$ 的全 1 子矩阵（全 -1 子矩阵的情形与此完全平行），记 $M[i,j]$ 的前 $2n-2$ 列中有 s 个 $J_{2,1}$，则后 $2n-2$ 列中有 $(n-s)$ 个 $J_{2,1}$，从而前 $2n-2$ 列中一定有 $(n-s)$ 个 $-J_{2,1}$. 由此得出 α 和 β 中元素同号的列数 $\geqslant n$，导致矛盾. (ii)证毕.

(iii)可仿照(ii)的证明完成，这里略去. □

最后说明一个有关二分图的拉姆塞定理的简单而有意义的事实. 拉姆塞定理的无限形式断言，对点集是 N 的（无限）完全图 K_N 的边做任意的 2-染色后，必有无限子集 $S \subseteq N$ 使得 K_S 的边都同色. 相应的"无限形式"的结论对范德瓦尔登定理却不成立（见第二章习题 4），对（无限的）完全二分图 $K_{N,N}$ 来说是否成立？用（无限）矩阵的形式来说，就是要问任一 $N \times N$ 的 $(0,1)$-矩阵——这里 0 和 1 代表两种颜色——中是否一定有无限子集 $S \subseteq N$ 使得 $S \times S$ 是全 1 或全 0 子矩阵？下面是说明此结论不成立的一个简单的例子：

M 是 $N \times N$ 的下三角 $(0,1)$-矩阵

$$M = \begin{pmatrix} 1 & & & & \\ & 1 & & 0 & \\ & & \ddots & & \\ & & & 1 & \\ 1 & & & & \ddots \\ & & & & & \ddots \end{pmatrix}_{N \times N}$$

M 显然不含行数和列数都无限的全 1 或全 0 子矩阵.

（B）有向图的拉姆塞定理

在讨论 n 人集会问题时所关心的是其中两个人是否互相认识,这是一种对称的二元关系. 当我们用 n 个点表示 n 个与会者后,可以用一条连边 $\{x, y\}$ 来表示 x 和 y 互相认识,于是如此定义的 n 个点的图完全反映了这 n 个人的这种对称的二元关系. 但在很多——或更多——场合下要考察的二元关系不是对称的. 例如,关系"x 认识 y"就是. 这时我们可以用有向图（directed graph）来刻画（不一定是对称的）二元关系:用一条有向边 (x, y) 来表示"x 认识 y",并用从 x 到 y 的一条带箭头的边来图示. 特别地,当二元关系对称时,相应的有向图中有向边 (x, y) 和 (y, z) 同时存在或同时不存在,这种有向图叫作对称有向图. 如果把表示该对称二元关系的（无向）图记成 G,则表示同一对称二元关系的（对称）有向图相应地记成 $\ddot{G}$,它不过是把 G 的每一条边$\{x,y\}$都换成一对有向边(x,y)和(y,x)后所得. 我们在 §2.6 的(A)中曾经讲到过一类特殊的有向图, 即竞赛图, 它不过是把完全图的每一条边$\{x,y\}$换成一条有向边(x,y) 或(y,x)后所得. 如果在 n 个点的一个竞赛图 T_n 中可以把点 适当标记成 $1,2,\cdots,n$, 使得(i,j)是 T_n 的有向边当且仅当 $i<j$, 则把这个 T_n 叫作传递竞赛图, 记成 TT_n.

图 3-6 画出了有代表性的 5 点有向图. (在最后一个图 $\vec{K}_5$ 中, 我们把一对有向边 ·$\rightleftarrows$· 简单地表示成 ·$\leftrightarrow$·.

此外, 一般的有向圈 $\vec{C}_n$, 星图 $D_{1,n}$ 和 $D_{n,1}$ 的定义由图 3-6 的 特例即可想到, 今后不再说明.)

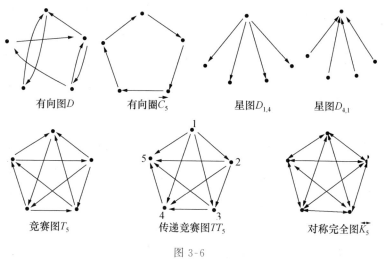

图 3-6

现在我们可以来讨论关于对称完全图的拉姆塞理论 了. 读者可能已经想到, 我们要讨论的是下述"箭头关系"

$$\overset{\leftrightarrow}{K}_n \longrightarrow (D_1, D_2, \cdots, D_k),　　(9)$$

这里的 $D_1, D_2, \cdots, D_k$ 是 k 个有向图. 这个"箭头关系"所表示的意思是: 对 $\overset{\leftrightarrow}{K}_n$ 的(有向)边集做任意 k-染色后, 必有某个 $i \in [k]$ 使得 $\overset{\leftrightarrow}{K}_n$ 含有各有向边都是 i 色的有向图 D_i.

我们首先面对的是下述存在性问题: 对任意给定的 k 个有向图 $D_1, D_2, \cdots, D_k$, 是否一定存在数 n_0, 使得 $\overset{\leftrightarrow}{K}_{n_0} \longrightarrow (D_1, D_2, \cdots, D_k)$ 成立? 如果这种 n_0 存在, 则显然当 $n \geqslant n_0$ 时式(9)成立, 从而可以明确定义(有向图的)拉姆塞数

$$R(D_1, D_2, \cdots, D_k) = \min\{n \in \mathbf{N} : \overset{\leftrightarrow}{K}_n \longrightarrow (D_1, D_2, \cdots, D_k)\}.$$

颇出乎意料的是, 在一般情况下上述存在性问题的答案是否定的! 事实上对于很多情况来说, 这种 n_0 不存在. 但这个存在性问题已经完全澄清, 下面就是结论.

定理 3.4.4 设 $k \geqslant 2$, $D_1, D_2, \cdots, D_k$ 是 k 个有向图, 则拉姆塞数 $R(D_1, D_2, \cdots, D_k)$ 存在的充分必要条件是 k 个有向图 $D_1, D_2, \cdots, D_k$ 中至少要有 $k-1$ 个图不含有任何有向圈.

为了证明这个定理, 先证明下面两个有关竞赛图的命题.

命题 3.4.1 不含有任何有向圈的 n 点有向图 D 一定含于 n 个点的传递竞赛图 TT_n 之中.

证明 因为 D 不含有任何有向圈, 故易知 D 中必有一

点 v_1，使得 D 中没有形如 (u,v_1) 的有向边. 在 D 中去掉点 v_1 以及与 v_1 关联的全部有向边后得到的 $n-1$ 个点的有向图，记为 $D_1 = D - v_1$. D_1 同样不含有任何有向圈，从而它有点 v_2，使得 D_1 中没有形如 (u,v_2) 的有向边. 记 $D_2 = D_1 - v_2$，则同理 D_2 又有点 v_3，且 D_2 中没有形如 (u,v_3) 的有向边. 如此继续进行即可把 D 的 n 个点标记成 $v_1,v_2,\cdots,v_n$，使得 D 的每一条边必形如 (v_i,v_j)，$i<j$. 从而根据 TT_n 的定义易知它含有 D. $\square$

命题 3.4.2[①] 任一 2^{n-1} 个点的竞赛图 $T_{2^{n-1}}$ 中一定含有 TT_n.

证明 对 $n \geq 2$ 利用归纳法证明. $n=2$ 时结论显然成立：因为 T_2 本身就是传递的. 设 $n>2$. 任取 $T = T_{2^{n-1}}$ 的一点 v，T 中与 v 关联的有向边有两类，一类形如 (u,v)，叫作 v 的入边；一类形如 (v,w)，叫作 v 的出边. 因 v 的入边和出边个数之和是 $2^{n-1}-1$，不妨设 v 的出边个数 $\geq 2^{n-2}$（相反的情形可类似论证）. 令 $U = \{u : (v,u)$ 是 v 的出边 $\}$，则 $|U| \geq 2^{n-2}$. 再任取 U 的一个 2^{n-2} 点子集，记成 V_0，把 T 限制在点集 V_0 上产生一个 2^{n-2} 个点的竞赛图，记为 $T\langle V_0 \rangle$. 按照归纳假设，2^{n-2} 个点的竞赛图 $T\langle V_0 \rangle$ 中含有 TT_{n-1}. 再对这个

---

① 此命题的定性结论"当 m 充分大时，任一竞赛图 T_m 中一定含有 TT_n"已在 §2.6 的(A)中证得. 这里增加了定量结果.

TT_{n-1} 添加点 v 以及 $n-1$ 条边 (v,w),其中 w 是 TT_{n-1} 的点,即得含于 T 中的 TT_n. □

定理 3.4.4 的证明 下面只写出 $k=2$ 时的证明,即证明如下结论:"对任意给定的有向图 D_1 和 D_2,存在数 n 使得 $\overset{\leftrightarrow}{K}_n \longrightarrow (D_1,D_2)$ 的充分必要条件是 D_1 或 D_2 中不含有向圈."

必要性 假设 D_1 和 D_2 都含有向圈,对任一 $n \geqslant 2$,我们对 $\overset{\leftrightarrow}{K}_n$ 的边集做这样的红蓝染色:当 $i<j$ 时,有向边 (i,j) 染成红色,而当 $i>j$ 时染成蓝色 $(i \neq j, 1 \leqslant i,j \leqslant n)$. 这时所有红边和所有蓝边都构成 n 点传递有向图 TT_n,从而既不含红边的有向圈,又不含蓝边的有向圈. 因 D_1 和 D_2 都含有向圈,所以 $\overset{\leftrightarrow}{K}_n$ 当然既不含各边红色的 D_1,又不含各边蓝色的 D_2.

充分性 分别记 D_1 和 D_2 的点数为 n_1 和 n_2,并设 D_1 不含有向圈,令 $n=R(2^{n_1-1},n_2)$,现证

$$\overset{\leftrightarrow}{K}_n \longrightarrow (D_1,D_2)$$

成立.

假设 $\overset{\leftrightarrow}{K}_n$ 的边集已红、蓝染色,则根据其中红色有向边可以确定一个(无向)图 G:G 的点集和 $\overset{\leftrightarrow}{K}_n$ 的点集相同,都是 $[n]=\{1,2,\cdots,n\}$;$\{i,j\}$ 是 G 的边当且仅当两条有向边

(i,j) 和 (j,i) 中至少有一条是红色的. 因 G 的点数是 $n=R(2^{n_1-1},n_2)$. 根据拉姆塞定理(简式的等价表示方法), 下述(i)和(ii)中至少有一个成立:

(i)G 中含有 $K_{2^{n_1}-1}$;

(ii)G 中有 n_2 个两两互不关联的点.

但易知有下述推理:

(ii)成立 $\Rightarrow \overset{\leftrightarrow}{K}_n$ 中含有各有向边都是蓝色的 $\overset{\leftrightarrow}{K}_{n_2} \Rightarrow \overset{\leftrightarrow}{K}_n$ 中含各边蓝色的 D_2;

(i)成立 $\Rightarrow \overset{\leftrightarrow}{K}_n$ 中含有各边都是红色的竞赛图 $T_{2^{n_1}-1} \overset{(b)}{\Rightarrow} T_{2^{n_1}-1}$ 中含有 $TT_{n_1} \overset{(a)}{\Rightarrow} TT_{n_1}$ 中含有 $D_1 \Rightarrow \overset{\leftrightarrow}{K}_n$ 中含各边红色的 D_1.

充分性得证.

$k>2$ 的情形可类似地证明. □

从定理的证明还可以得到下述定量结论.

推论 设 $D_1,D_2,\cdots,D_k$ 是 $k \geqslant 2$ 个有向图. 记 D_i 的点数是 $n_i(i=1,2,\cdots,k)$. 如果 $D_1,D_2,\cdots,D_{k-1}$ 都不含有向圈, 则 $R(D_1,D_2,\cdots,D_k)$ 存在, 而且有

$$R(D_1,D_2,\cdots,D_k) \leqslant R(2^{n_1-1},\cdots,2^{n_{k-1}-1},n_k).$$

可以预料, 在其存在的情况下确定有向图的拉姆塞数也一定很难. 事实上已确定的数很少. 这里证明一个简单的结果, 这是关于有向星图 $D_{1,n}$ 或 $D_{n,1}$ 的拉姆塞数. $D_{1,n}$ 和

$D_{n,1}$ 的定义从如图 3-6 所示的 $D_{1,4}$ 和 $D_{4,1}$ 自明，它们显然都不含有向圈，从而相应的拉姆塞数必存在.

定理 3.4.5 设 m, n 是任意给定的正整数，则有

$$R(D_{1,m}, D_{1,n}) = R(D_{1,m}, D_{n,1}) = R(D_{m,1}, D_{n,1}) = m + n.$$

证明 根据定义不难证明等式

$$R(D_{1,m}, D_{1,n}) = R(D_{m,1}, D_{n,1})$$

成立. 和确定所有类型的拉姆塞数一样，下面分两步证明

$$R(D_{1,m}, D_{1,n}) = R(D_{1,m}, D_{n,1}) = m + n.$$

(i) $R(D_{1,m}, D_{1,n}) \leqslant m + n, R(D_{1,m}, D_{n,1}) \leqslant m + n.$

设 $\overset{\leftrightarrow}{K}_{m+n}$ 的有向边集已做红、蓝染色，把这 $m+n$ 个点和所有红（有向）边构成的有向图记成 D，把这 $m+n$ 个点和所有蓝（有向）边构成的有向图记成 D'. 对一点 x，把 x 在 D 中出边的个数称作 x 在 D 中的出度，记成 $d_D^+(x)$；对称地，把 x 在 D 中入边的个数称作 x 在 D 中的入度，记成 $d_D^-(x)$. 那么现在要证明的结论是："或者有一点 x 使得 $d_D^+(x) \geqslant m$；或者有一点 y 使得 $d_{D'}^+(y) \geqslant n$，又有一点 z 使得 $d_{D'}^-(z) \geqslant n$."下面是这个结论的证明.

不妨设 $m \geqslant n$，对 $\overset{\leftrightarrow}{K}_{m+n}$ 的一点 x，它与 $\overset{\leftrightarrow}{K}_{m+n}$ 中另外 $m+n-1$ 个点的关联情况共有下列 (a), (b), (c), (d) 4 种可能（图 3-7，其中红边和蓝边分别用实边和虚边表示），它们中与点 x 按情况 (a), (b), (c), (d) 关联的点数分别记为

$$a(x), b(x), c(x), d(x).$$

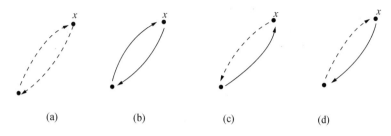

(a)   (b)   (c)   (d)

图 3-7

因为 D 中各点的出度之和等于 D 中各点的入度之和，故 D 中一定有一点 u，它的出度 $d_D^+(u) \geqslant$ 入度 $d_D^-(u)$. 把 x, y, z 都取成 u 即合于结论的要求. 因为 $d_D^+(u) = a(u) + c(u)$，$d_D^-(u) = b(u) + c(u)$，$d_{D'}^+(u) = b(u) + d(u)$，$d_{D'}^-(u) = a(u) + d(u)$. 故

$$d_D^+(u) \geqslant d_D^-(u) \Rightarrow a(u) \geqslant b(u).$$

又因下列等式显然成立

$$a(u) + b(u) + c(u) + d(u) = m + n - 1,$$

所以或者有 $a(u) + c(u) = d_D^+(u) \geqslant m$；或者有 $b(u) + d(u) = d_{D'}^+(u) \geqslant n$，从而又有 $d_{D'}^-(u) = a(u) + d(u) \geqslant b(u) + d(u) \geqslant n$.

(ii) $R(D_{1,m}, D_{1,n}) > m + n - 1$，$R(D_{1,m}, D_{n,1}) > m + n - 1$.

我们给出 $\overleftrightarrow{K}_{m+n-1}$ 的一个红、蓝边染色，使得在由所有红边构成的 $m + n - 1$ 个点的有向图 D 中的每一点的出度＝入度＝$m-1$；又使得在由所有蓝边构成的有向图 D' 中的每一点的出度＝入度＝$n-1$. 这个染色即证明了结论(ii)，现具体给出这个染色.

记 $\overset{\rightharpoonup}{K}_{m+n-1}$ 的点集为 $\{0,1,\cdots,m+n-2\}$. 对任意一点 i，与 i 关联的红色出边集为

$$\{(i,j):j \text{ 与 } i+1,i+2,\cdots,i+m-1 \text{ 模 } m+n-2 \text{ 同余}\};$$

红色入边集为

$$\{(k,i):k \text{ 与 } i+n,i+n+1,\cdots,i+m+n-1 \text{ 模 } m+n-2 \text{ 同余}\}.$$

所以

$$d_D^+(i)=d_D^-(i)=m-1.$$

从而又有

$$d_{D'}^+(i)=d_{D'}^-(i)=(m+n-2)-(m-1)=n-1.$$

由(i)、(ii)即得定理. □

§3.5* 非完全图

对给定的图 $G_1,G_2,\cdots,G_k$，如果把箭头关系

$$K_n \longrightarrow (G_1,G_2,\cdots,G_k)$$

叫作完全图的拉姆塞性质，那么对可以不是完全图的 F 来说，箭头关系

$$F \longrightarrow (G_1,G_2,\cdots,G_k) \qquad (4)$$

可以相应地叫作非完全图的拉姆塞性质. 式(4)的含义已在 §3.4 开头明确写出. 由于式(4)中的图 F 可以变化万千，

而其图论性质又必须受到给定的图 $G_1, G_2, \cdots, G_k$ 的制约，故式(4)的内涵非常丰富. 和前面几节的内容比起来，所涉及的问题不仅更为多姿多彩，也更加深刻和困难. 作为图的拉姆塞理论的最后一个内容，我们对此选讲三类问题.

(A) 存在性问题

这类问题所研究的是：对给定的 k 个图 $G_1, G_2, \cdots, G_k$，是否存在满足若干限制条件的图 F 使得式(4)成立？问题的关键和奥妙主要在"满足若干限制条件"这个要求上. 我们先用一个很有意思的具体例子来说明.

首先定义一个图论参数. 设图 G 中含有完全图 K_m，但不含有 K_{m+1}，则定义 G 的点团数为 m，记成 $\omega(G) = m$. 显然，完全图 K_n 的点团数 $\omega(K_n) = n$，任意一个树 T 的点团数 $\omega(T) = 2$. 点团数密切联系着完全图，从而与拉姆塞定理有关. 对任意给定的图 G 和 H，一方面根据拉姆塞定理可知，若图 F 的点团数 $\omega(F) \geqslant R(G, H)$，则一定有 $F \rightarrow (G, H)$；另一方面，如果图 F 使得 $F \rightarrow (G, H)$ 成立，则由定义可知 F 必须满足 $\omega(F) \geqslant \max\{\omega(G), \omega(H)\}$. 最简单的非平凡情形是 $G = H = K_3$，这时 $F \longrightarrow (K_3, K_3)$ 成立的充分条件是 $\omega(F) \geqslant R(K_3, K_3) = 6$，即图 F 中含有 K_6，而同一关系成立的必要条件是 $\omega(F) \geqslant \omega(K_3) = 3$. 充分条件和必要条件的上述差距十分明显，这激发起人们的探索精神，

于是发生了下面这段历史故事.

　　埃尔德什和另一位匈牙利数学家 A. 哈伊那尔 (A. Hajnal)最早注意到前面所说的差距. 他们在 1967 年提出了试图弄清楚这个差距的实质的第一个问题:是否存在图 G,其点团数 $\omega(G)<6$,但 $G \longrightarrow (K_3, K_3)$ 成立? 1968 年,葛立恒找到了这个问题的一个巧妙的正面解答. 葛立恒找到的是一个有 8 个点的图 G,它的结构很简单:G 是从 K_8 中去掉构成一个 5 边形图 C_5 的 5 条边后所得的图,故可简记成 $G=K_8-C_5$(图 3-8). 这个图 G 具有三个性质:(1)$\omega(G)$ $=5$;(2)$G \longrightarrow (K_3, K_3)$;(3)从 G 中再去掉任意一条边后所得的图 G' 不再有关系 $G' \longrightarrow (K_3, K_3)$. 因为 K_8-C_5

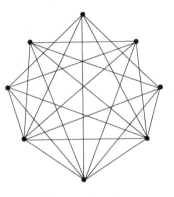

图 3-8　K_8-C_5

不太复杂,所以每一位认真的读者都能自己证明性质(3).

　　故事出现了第一个高潮,但并非就此结束. 因为葛立恒找到的图 G 的点团数是 5,人们继续穷源溯流,探索能否找到这样的图 F,它使得 $F \longrightarrow (K_3, K_3)$ 成立,但 $\omega(F)=3$? 福克曼[就是在 §2.2(C)中提到的那位数学家]使用高度技巧找到了一个这样的图 F. 他的这个结果发表于 1970 年,而他本人已在 1969 年不幸夭亡,终年仅 31 岁. 福克曼找

到的图 F 具有性质:(1)$\omega(F)=3$,和(2)$F\longrightarrow(K_3,K_3)$. 但 F 显然不具有前面提到的葛立恒找到的图 G 的那种"极小性"(3). 而且实际情况正好相反,这个图 F 的点数异常之大. 用 §2.3(A)中所讲的阿克曼层次来表示的话,F 的点数大于 $A_4(2^{901})$,即第 4 层函数 $A_4(n)$ 当 $n=2^{901}$ 时的值! 我们已经知道函数 $A_4(n)$ 递增得非常快,这里的自变量 n 的值 $2^{901}>10^{271}$ 本身也非常之大(作为比较,我们来看下述体现宇宙的空间尺度的数:人类在宇宙中目前能观测到的最远的星系距离地球不到 100 亿光年 $\approx 10^{28}$ cm;构成物质的基本粒子的直径约等于 10^{-13} cm. 设想一个各边长为 400 亿光年的大立方体作为宇宙的范围,则其中可以不相重叠地放入边长是 10^{-13} cm 的小立方体的个数小于 10^{125}),所以福克曼所找到的图的点数确实非常之大. 为此,埃尔德什悬赏 100 美元给找到点数小于一百万(10^6)而具有前述性质(1)和(2)的图 F 的人. 后来,葛立恒又在 1979 年出版的《拉姆塞理论初阶》一书中戏剧性地提出了这样的猜想:"埃尔德什愿意付给找到具有性质(1)和(2)的 v 个点的图者 $1000/v^{\frac{1}{8}}$ 美元."

福克曼在他的那篇去世后发表的论文中还证明了更强的结果:"对任意的正整数 $m\geqslant n\geqslant 3$,存在图 G 使得 $\omega(G)=m,G\longrightarrow(K_m,K_n)$."我们把

$$G \longrightarrow \underbrace{(H, H, \cdots, H)}_{k}$$

简记成 $G \longrightarrow (H)_k$. 则用福克曼的方法不能证明结论"对任意给定的 $k > 2$,存在图 G 使得 $\omega(G) = 3, G \longrightarrow (K_3)_k$". 捷克数学家耐斯特利(J. Nešetril)和洛德尔在 1973 年证明了这个结论的成立,他们二人还得到了图的拉姆塞理论的一系列深刻结果,本节最后一部分会讲到一些,而与这里所讨论的问题直接有关的一个结果是:

定理 3.5.1(耐斯特利和洛德尔,1976) 对任意给定的 k 个图 $G_1, G_2, \cdots, G_k$,一定存在图 F,使得

$$\omega(F) = \max_{1 \leqslant i \leqslant k} \omega(G_i), \quad F \longrightarrow (G_1, G_2, \cdots, G_k). \qquad \Box$$

这个定理给出了上面所说的故事的一个完满结局.

当然,绝大部分存在性问题不会有上述那样的完满结果. 这里列举一类尚待探索的存在性问题,有的文献把它叫作盖尔文(Galvin)问题,其具体提法是:

"对给定的一个图 X,用 $F(X)$ 来记所有不含 X 的图的集合. 是否对任一 $G \in F(X)$,一定存在 $F \in F(X)$ 使得 $F \longrightarrow (G, G)$?"

当 $X = K_m$ 时,$F(X)$ 就是点团数小于 m 的图的集合,福克曼的一般结果给出了相应的盖尔文问题的肯定回答.

并不是对每个图 X,相应的盖尔文问题都有肯定回答. 例如,已经发现当 $X = K_4 - e$(X 是在 K_4 中去掉一边后所

得的 4 点图)时,有这样的 $G \in F(X)$ 使得不存在 $F \in F(X)$ 具有性质 $F \longrightarrow (G, G)$,即这时的盖尔文问题有否定回答. 而对大量的 X 来说,相应的盖尔文问题至今没有明确的(肯定或否定)回答,$X = C_4$ 就是这种不确定情形的一个简单例子.

(B)与图论参数相结合的拉姆塞数

图 H 的点团数 $\omega(H)$ 显然有这样的性质:如果 H 中含有图 H',则 $\omega(H) \geqslant \omega(H')$. 因此对任意给定的图 G_1, $G_2, \cdots, G_k$,可以定义数

$$R_\omega(G_1, G_2, \cdots, G_k) = \min\{\omega(H) : H \longrightarrow (G_1, G_2, \cdots, G_k)\}.$$

拉姆塞定理保证了图集 $\{H : H \longrightarrow (G_1, G_2, \cdots, G_k)\}$ 非空, 而 ω 的上述性质又肯定了 $R_\omega(G_1, G_2, \cdots, G_k)$ 的定义是合理的,这个定义可以毫不费力地推广到其他的图参数.

设 $\theta(H)$ 是图 H 的某一种图论参数,如果 θ 有这样的性质:图 H 中含有图 $H' \Rightarrow \theta(H) \geqslant \theta(H')$,则对任意给定的图 $G_1, G_2, \cdots, G_k$,可以定义数

$$R_\theta(G_1, G_2, \cdots, G_k) = \min\{\theta(H) : H \longrightarrow (G_1, G_2, \cdots, G_k)\}.$$

称 $R_\theta(G_1, G_2, \cdots, G_k)$ 是关于参数 θ 的拉姆塞数.

H 的点团数 $\omega(H)$ 是这种参数,其他常见的参数还有 $\nu(H)$(H 的点数),$\varepsilon(H)$(H 的边数),$\chi(H)$(H 的点色数——即使得 H 的点集 V 具有正确的 k-染色的最小正整

数 k. 而所谓 V 的一个正常的 k-染色,就是这样的 k-染色 $f:V\longrightarrow[k]$,它使得 V 中任意两个相关联的点 x 和 y 的染色 $f(x)\neq f(y)$,可参见 §2.6(C)中关于超图的色数的定义,当把图 H 看成超图时,$\chi(H)$ 正是那里定义的超图的色数)等.

对点团数 ω 来说,由定理 3.5.1 可知有

$$R_\omega(G_1,G_2,\cdots,G_k)=\max_{1\leqslant i\leqslant k}\omega(G_i).$$

对点数 ν 来说,由定义易知有

$$R_\nu(G_1,G_2,\cdots,G_k)=R(G_1,G_2,\cdots,G_k).$$

对点色数 χ 和边数 ε 来说,相应的拉姆塞数 R_χ 和 R_ε 远没有得到像 R_ω 那样的完满结果,下面证明两个相应的简单结果.

定理 3.5.2 对任意给定的正整数 $m,n\geqslant 2$,有

$$R_\chi(K_m,K_n)=R(m,n).$$

证明 记 $R(m,n)=r$. 因 $K_r\longrightarrow(K_m,K_n)$,故由定义可知 $R_\chi(K_m,K_n)\leqslant\chi(K_r)=r$. 下面再证明 $R_\chi(K_m,K_n)>r-1$,后一不等式等价于这样的图论命题:若图 H 的点色数 $\chi(H)\leqslant r-1$,则 $H\longrightarrow(K_m,K_n)$ 不成立;或者说:若 $\chi(H)\leqslant r-1$,则有 H 的边集的红、蓝染色,使得 H 既不含全是红边的 K_m,也不含全是蓝边的 K_n,现证后一说法成立.

因 $\chi(H) \leqslant r-1$，故 H 的点集 V 有正常的 $(r-1)$-染色，即 V 可以分拆成子集 $V_1, V_2, \cdots, V_{r-1}$，其中每个点集 V_i 中的点在 H 中两两不关联．又按照数 $r = R(K_m, K_n)$ 的定义，有 K_{r-1} 的边集的一种红、蓝染色，使得 K_{r-1} 中既没有全是红边的 K_m，又没有全是蓝边的 K_n，把 K_{r-1} 和 $r-1$ 个点记成 $1, 2, \cdots, r-1$．我们可以给出 H 的边集的一个合于所求的红、蓝染色，具体定义为：对 H 的任意一条边 $\{x, y\}$，如果 $x \in V_i, y \in V_j$，则把这条边 $\{x, y\}$ 染成 K_{r-1} 中的边 $\{i, j\}$ 的色．显然，K_{r-1} 中没有全是红（蓝）边的 $K_m(K_n)$ 蕴涵 H 中没有全是红（蓝）边的 $K_m(K_n)$．图论命题得证． □

同理可证上述定理的推广：

定理 3.5.2′ 对任意给定的 $k \geqslant 2$ 个正整数 $n_1, n_2, \cdots,$ $n_k \geqslant 2$，有

$$R_\chi(K_{n_1}, K_{n_2}, \cdots, K_{n_k}) = R(n_1, n_2, \cdots, n_k). \qquad \square$$

定理 3.5.3 对任意给定的正整数 $m, n \geqslant 2$，记 $r = R(m, n)$．则有

$$R_\varepsilon(K_m, K_n) = \varepsilon(K_r) = \frac{1}{2} r(r-1).$$

证明 从定义易知有 $R_\varepsilon(K_m, K_n) \leqslant \varepsilon(K_r)$．又根据定理 3.5.2 可知下述推理成立：

$$H \longrightarrow (K_m, K_n) \Rightarrow \chi(H) \geqslant r.$$

现在再证明,如果 $\chi(H) \geqslant r$,则 $\nu(H) \geqslant r$,且 H 的每一点至少与 $r-1$ 个点关联,从而 $\varepsilon(H) \geqslant \frac{1}{2} r(r-1)$. 这是一个关于点色数的简单命题,其证明如下.

在 H 中去掉一点 u 以及与 u 关联的所有边后所得的图记为 $H-u$,显然有 $\chi(H-u) \leqslant \chi(H)$. 如果 H 中有点 u 使得 $\chi(H-u) = \chi(H)$,则考察图 $H-u$. 如果 $H-u$ 中有点 u' 使得 $\chi(H-u-u') = \chi(H-u) = \chi(H)$,则再考察图 $H-u-u'$. 如此进行,一定在相继去掉若干个(可能有的)点 $u, u', \cdots$ 后得到图 $\overset{\circ}{H}$, $\overset{\circ}{H}$ 的点色数 $\chi(\overset{\circ}{H}) = \chi(H)$,但在 $\overset{\circ}{H}$ 中去掉任一点 w 后所得的图 $\overset{\circ}{H}-w$ 的点色数 $\chi(\overset{\circ}{H}-w) < \chi(\overset{\circ}{H}) = \chi(H)$. 我们证明 $\overset{\circ}{H}$ 中每一点至少与 $r-1$ 个点在 $\overset{\circ}{H}$ 中关联. 假设不然,$\overset{\circ}{H}$ 中有点 w,而 $\overset{\circ}{H}$ 中与 w 关联的点数 $<r-1$. 因为 $\chi(\overset{\circ}{H}-w) \leqslant r-1$,故 $\overset{\circ}{H}-w$ 的点集可以分拆成 $r-1$ 个子集 $V_1, V_2, \cdots, V_{r-1}$,其中每个点集 V_i 中的点在 $\overset{\circ}{H}$ 中两两不关联. 而由 w 的性质可知一定有某个点集 V_j,使得 w 与 V_j 中的每一点都不关联. 这样 $\overset{\circ}{H}$ 的点集可以分拆成 $r-1$ 个子集 $V_1, \cdots, V_{j-1}, V_j \bigcup \{w\}, V_{j+1}, \cdots, V_{r-1}$,这个分拆给出了 $\overset{\circ}{H}$ 的点集的一个正常的 $(r-1)$-染色,从而有 $\chi(\overset{\circ}{H}) \leqslant r-1$,与 $\chi(\overset{\circ}{H}) = \chi(H) \geqslant r$ 矛盾. 所以

$$H \longrightarrow (K_m, K_n) \Rightarrow \varepsilon(H) \geqslant \frac{1}{2} r(r-1). \qquad \square$$

定理 3.5.3 同样不难推广如下：

定理 3.5.3′ 对任意给定的 $k(k \geqslant 2)$ 个正整数 $n_1, n_2,$ $\cdots, n_k [n_i(i=1,2,\cdots,k) \geqslant 2]$，记 $r = R(m_1, m_2, \cdots, m_k)$. 则有

$$R_\varepsilon(K_{n_1}, K_{n_2}, \cdots, K_{n_k}) = \varepsilon(K_r) = \frac{1}{2} r(r-1).$$

认真的读者会注意到，定理 3.5.2 和定理 3.5.3 实际上所说明的无非是这样的"并不意外"的结论：在使得 $H \longrightarrow (K_m, K_n)$ 成立的所有图 H 中，不但以 K_r——这里 $r = R(K_m, K_n)$——的点数最小，而且也以 K_r 的点色数和边数为最小. 这个虽然"并不意外"的结论并不理所当然地成立，这句话可以从两个方面来理解. 首先，这个结论并不对每一种图论参数都成立，定理 3.5.1 就说明了这一点：对图的点团数 ω 来说，$R_\omega(K_m, K_n) = \max\{m, n\}$，而并不等于 K_r 的点团数 r；其次，对于点色数和边数来说，当 $(G_1, G_2) \neq (K_m, K_n)$ 时这个结论也不一定成立. 例如，当 $G_1 = G_2 = P_4$ 时，虽然 $R(P_4, P_4) = 5$，但在使得 $H \longrightarrow (P_4, P_4)$ 成立的所有图 H 中，并不以 K_5 的点色数 $\chi(K_5) = 5$ 和边数 $\varepsilon(K_5) = 10$ 为最小，事实上如取 $H = K_5 - P_4$（在 K_5 中去掉构成 P_4 的 4 条边后所得的 5 点图），则可以验证 $K_5 - P_4$

$\longrightarrow (P_4,P_4)$ 成立,但 $\chi(P_5-P_4)=3,\varepsilon(K_5-P_4)=7$. 发生
这种情形确实应该说成是"并不意外"的. 因为数 $R(G_1,G_2)$
是使得 $K_l \longrightarrow (G_1,G_2)$ 成立的最小整数 l,这里箭头左边
只限于完全图;而数 $R_\theta(G_1,G_2)$ 是使得 $H \longrightarrow (G_1,G_2)$ 成立
的任一图 H 的参数 $\theta(H)$ 的最小值,所以一般地只能肯定
有 $R_\theta(G_1,G_2) \leqslant \theta(K_r)$,这里的 $r=R(G_1,G_2)$,而且在多数情
况下会有严格不等式 $R_\theta(G_1,G_2) < \theta(K_r)$,确定 $R_\theta(G_1,G_2)$ 也
会比确定 $R(G_1,G_2)$ 更困难.

(C)关于导出子图的拉姆塞定理

图 G 的点集和边集通常分别记为 $V(G)$ 和 $E(G)$. 我们
一直在讲的"图 G 含有图 H"这句话,也可以说成"H 是 G
的子图"[①],它的意思是 $V(H) \subseteq V(G),E(H) \subseteq E(G)$. 如果
G 的子图 H 还具有这样的性质:H 的任意两点 x 和 y 在
H 中关联的充要条件是 x 和 y 在 G 中关联;即 $x,y \in$
$V(H),\{x,y\} \in E(G) \Rightarrow \{x,y\} \in E(H)$,或者说子图 H 是
图 G 在其子点集 $V(H)$ 上的限制. 这时把子图 H 叫作图 G
在其子点集 $V(H)$ 上的导出子图,在不强调 H 的点集时,简
称 H 是 G 的导出子图. 例如,四边形图 C_4 是 K_5 的子图,

---

① 更准确地说,二者并不全同."G 含有 H"的意思是"G 有同构于 H 的子图".
我们这里把两个同构的图视作等同.

但不是导出子图；而 $K_{1,2}$ 是 C_4 的导出子图.

迄今我们所讨论的都是关于子图的箭头关系 $F \longrightarrow (G_1, G_2, \cdots, G_k)$. 20 世纪 70 年代中期以来, 数学家开始研究关于导出子图的强箭头关系

$$F \longmapsto (G_1, G_2, \cdots, G_k).$$

其定义为:"对图 F 的边集的任一 k-染色, 一定有某个 $i \in [k]$, 使得 F 中有各边都是 i 色的导出子图 G_i." 从定义不难看到下面的推理成立:

$$F \longmapsto (G_1, G_2, \cdots, G_k) \Rightarrow F \longrightarrow (G_1, G_2, \cdots, G_k)$$

$$F \longmapsto (K_{n_1}, K_{n_2}, \cdots, K_{n_k}) \Leftrightarrow F \longrightarrow (K_{n_1}, K_{n_2}, \cdots, K_{n_k}).$$

从表面上看, 把"$\longrightarrow$"加强为"$\longmapsto$"很自然. 但这仅仅是指它们的定义, 在内容上, 后一关系成立的条件要苛刻得多. 人们在提出强箭头关系这个概念时就提出了在最一般的意义下的存在性问题, 它远不是已知结果的比较直接的推论, 而是一个新的拉姆塞图论问题. 这个问题最终由 W. 杜勃尔(W. Deuber)以及耐斯特利和洛德尔分别用不同的方法给出了肯定定理:

定理 3.5.4 对任意给定的 k 个图 $G_1, G_2, \cdots, G_k$, 一定存在图 F, 使得 $F \longmapsto (G_1, G_2, \cdots, G_k)$ 成立. $\square$

这是一个很深刻的定理. 在前面提到过的专著《拉姆塞理论》中有耐斯特利和洛德尔在 1978 年给出的简化证明, 该书是这样来形容这个证明的:"(这个证明)确实不同凡

响.在拉姆塞理论中没有哪个结果(的证明)动用了像它所用的那么多技巧."所以我们值得在这一章里明确地表述这个深刻的结果,但又难以给出其证明.

除了存在性问题外,我们可以把关于"⟶"的每一类问题平行地转变成关于"⟩⟶"的问题.例如,对于(B)中所说的那种图论参数 θ,我们可以定义数

$$\hat{R}_\theta(G_1,G_2,\cdots,G_k) = \min\{\theta(F):F \rightarrowtail (G_1,G_2,\cdots,G_k)\}.$$

耐斯特利和洛德尔证明了下述结论:

定理 3.5.5　对任意给定的 k 个图 $G_1,G_2,\cdots,G_k$,有

$$\hat{R}_\omega(G_1,G_2,\cdots,G_k) = R_\omega(G_1,G_2,\cdots,G_k),$$
$$\hat{R}_\chi(G_1,G_2,\cdots,G_k) = R_\chi(G_1,G_2,\cdots,G_k).$$

这个定理中肯定了 $\hat{R}_\theta=R_\theta$ 至少当 θ 是点团数 ω 和点色数 χ 时成立,但这是很特殊的现象.当 θ 是最简单的图论参数——图的点数 ν 时情况就变得复杂.一方面显然有

$$R_\nu(G_1,G_2,\cdots,G_k) = R(G_1,G_2,\cdots,G_k)$$

但对 $\hat{R}_\nu$ 所知极少.例如,当 G 是 4 点图 $K_{1,3}+e$ 时,即 G 是在 4 点星图 $K_{1,3}$ 的某两个末端点之间加一连边后所得的图,可以求得 $R(G,G)=7$,但猜想 $\hat{R}_\nu(G,G)>R(K_4,K_4)=18$.一般地,埃尔德什曾提出下述尚未得到解答的难题:

"设 $n\geqslant4$,是否有 n 点图 G 使得

$$R_{\nu}(G,G) > R(K_n, K_n)?"$$

以上简单介绍的三类问题只是图的拉姆塞理论中一部分易于表述的内容.由于这个论题是拉姆塞理论和图论的交汇,所以内容十分丰富,它同时是这两种理论十分活跃的一个研究领域,这一节所讲的问题和定理只能说是非常粗略的反映,整个第三章也是如此.

习 题

1. 证明 $R(C_4, C_4) = 6$.

2. 证明不等式 $R(G,H) \geqslant \min\{R(G,G), R(H,H)\}$ 一般不成立(提示:令 $G = P_5, H = K_{1,3}$).

3. 证明在矩阵形式的抽屉原理[§3.4(A)]中,可取

$$m_0 = k(p-1)+1, \quad n_0 = \binom{m_0}{p} k(p-1)+1$$

而结论仍成立.

4. 设 $4n-3$ 个整数 $d_j (j=1,2,\cdots,4n-3)$ 满足条件

$$0 \leqslant d_j \leqslant 4n-3, \quad \sum_{j=1}^{4n-3} d_j > \frac{1}{2}(4n-3)^2,$$

则有

$$\sum_{j=1}^{4n-3} \frac{1}{2} d_j(d_j-1) \geqslant (2n-2)\binom{2n-2}{2} + (2n-1)\binom{2n-1}{2}.$$

(参见定理 3.4.3 的证明)

5. 补出定理 3.4.3 中(iii)的证明.

6. 补出定理 3.4.4 的推论的证明.

7. 证明 $R(D_{1,n}, D_{1,m}) = R(D_{n,1}, D_{m,1})$.

8. 证明 §3.5(A)中的图 $G = K_8 - C_5$ 具有性质(1)(2)(3)(参见图3-8).

9. 补出定理 3.5.2′ 和定理 3.5.3′ 的证明.

10. 证明 $K_5 - P_4 \longrightarrow (P_4, P_4)$.

四　欧氏拉姆塞理论

§4.1　一个平面几何问题

问题:对平面上所有点任意 k-染色后,是否一定有同色的两点,它们之间的距离是单位长 1?

$k=2$ 时,很容易做出肯定回答:在平面上任取一个边长是 1 的等边三角形,它的 3 个顶点中必有两点同色(抽屉原理). $k=3$ 时,回答也是肯定的:在平面上任做一个如图4-1所示的 7 点

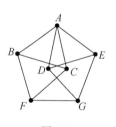

图 4-1

11 边构图,其中各边之长都是 1,则必有一边的两个端点同色.因若每一边的两个端点都不同色,设点 A 是 1 色,则点 B、C 分别是 2、3 色,从而点 F 是 1 色;同理点 G 也是 1 色,导致矛盾.

还可以证明 $k=7$ 时的回答是否定的,我们用平面上的这样的构图来证明:先用边长是 a 的正六边形铺盖全平面,

实数 a 待定.再按图 4-2 的方式把每个正六边形中的点染成色 $1,2,3,4,5,6,7$ 之一.因为同一正六边形中两点的距离至多是 $2a$,而分别在同色的两个不同的正六边形中的两点的距离至少是 $|AB|=\sqrt{7}a>2.6a$,所以如取 $a=0.45$,则上述 7-染色就给出了 $k=7$ 时问题的否定回答.

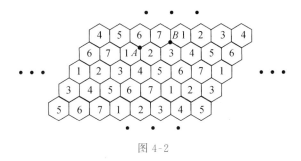

图 4-2

细心的读者会注意到,前面所说的平面点染色并未明确规定每个正六边形的边上的点的色.对此很容易做补充处理.比如说,可以这样来规定边上的点的色:同属三个正六边形的点染成它所属的三个六边形中位于该点正上方或正下方的那个六边形的色,如点 A 染成 6 色,点 B 染成 3 色等;而只属于两个正六边形的点染成这两个六边形中位于该点左侧的那个六边形的色.

我们把(欧氏)平面记成 E^2,相距为 1 的两点记成 S_2.则所提的问题可以用我们所熟悉的"箭头符号"简明地表示成问题：$E^2 \longrightarrow (S_2)_k$ 是否成立？

相应地，$k=2,3$ 时的肯定结论和 $k=7$ 时的否定结论可以表示成

$$E^2 \longrightarrow (S_2)_2, E^2 \longrightarrow (S_2)_3 \text{ 和 } E^2 \nrightarrow (S_2)_7.$$

迄今为止，人们还不知道使 $E^2 \nrightarrow (S_2)_k$ 的最小的 k 是多少. 这个最小的 k 也称作 E^2 的色数，记为 $\chi(E^2)$. 这个名称和记号源于对问题的图论表述. 因为我们可以定义一个 (无限) 图，其点集是 E^2，两点相关联当且仅当这两点的距离是 1. 仍把这个图记成 E^2，则它具有正常的 k-染色的充分必要条件是 $E^2 \nrightarrow (S_2)_k$，所以这个图的色数正是使 $E^2 \nrightarrow (S_2)_k$ 的 k 的最小值. 前面的结论给出了 $\chi(E^2)$ 的界

$$4 \leqslant \chi(E^2) \leqslant 7.$$

但 $\chi(E^2)$ 究竟是 $4,5,6,7$ 中哪一个，到目前为止仍是一个尚待解答的问题.

人们常常把前面所讨论的平面几何问题归属于"组合几何"这个数学分支. 但"组合几何"的内容非常广泛，其范围更难界定. 事实上，更恰当地反映这个问题的本质属性的名词是"欧几里得平面上的拉姆塞理论问题". 从 1973 年起，埃尔德什、葛立恒、P. 蒙哥马利 (P. Montgomery)、罗斯切特、斯宾塞和 E. G. 史脱劳斯 (E. G. Straus) 等六位数学

家联名发表了三篇题为"欧氏拉姆塞定理(Euclidean Ramsey
Theorems)(I),(II),(III)"的系列论文(后来的文献上常用这
六位作者的姓的第一个字母 EGMRSS 来表示这组论文),开
始了对欧氏空间中的拉姆塞理论问题的研究,从此形成了拉
姆塞理论的一个内容丰富和深刻的新分支.这一节开始所讲
的问题可以认为是这个分支的一个典型问题.

§4.2 从平面到空间

设 S 是一个平面点集,则对任一正整数 k,下述推理显
然成立:

$$E^2 \longrightarrow (S)_k \Rightarrow E^3 \longrightarrow (S)_k,$$

右边的 E^3 表示 3 维欧氏空间,用箭头符号表示的关系
$E^3 \longrightarrow (S)_k$ 的含义不言自明.推理成立的理由很简单:任
取空间 E^3 中的一张平面 E_0^2,则 E^3(作为点集)的一个 k-染
色当然确定了其子集 E_0^2 的 k-染色.更有意义的是上述推
理反过来不一定成立,这个事实虽在意料之中,但并不像原
推理那样显然,这一节首先用一个具体的例子来确证这个
重要事实.我们把 S 取成单位边长的等边三角形的 3 个顶
点的集,后者记成 S_3.结论如下:

定理 4.2.1 $E^2 \nrightarrow (S_3)_2$,但 $E^3 \longrightarrow (S_3)_2$.

证明 第一个结论 $E^2 \nrightarrow (S_3)_2$ 很容易证明.我们给
出 E^2 的这样一个红、蓝染色:用依次相距 $\sqrt{3}/2$ 的平行线族

把平面分成红蓝相间的带状区域,每个带状区域上开下闭——即包括下底线但不包括上底线(图 4-3). 对 E^2 的这个红、蓝染色来说,易证不可能有单色的 S_3.

图 4-3

再证第二个结论 $E^3 \longrightarrow (S_3)_2$. 设 E^3 的点已做红、蓝染色. 首先,从 §4.1 可知 E^3 中一定有相距 1 的一对同色点. 为确定起见,设点 A 和 B 都是红点,且 $|AB| = 1$. 如果 E^3 中有红点与 A 和 B 的距离都是 1,则已得结论. 故可设与 A 和 B 的距离都是 1 的所有点——它们的轨迹是线段 AB 的垂直平分面上的一个半径是 $\sqrt{3}/2$ 的圆周,记为 γ_1——都是蓝点. 任意取定 γ_1 的一条长度是 1 的弦 CD. 同理可设 E^3 中与点 C 和 D 的距离都是 1 的所有点都是红点,它们构成的圆周记为 γ_2. 设想弦 CD 紧贴着 γ_1 连续转动,则红圆周 γ_2 随之在空间 E^3 绕 AB 轴连续转动,所形成的轨迹是中间没有空洞的轮胎面(圆环面),而且面上的点全是红点. 不难计算出这个圆环面的最大外圆周——所谓赤道,记为 γ_3——的半径是 $(\sqrt{2}+\sqrt{3})/2$(图 4-4,其中 O 是

AB 的中点，F 是 CD 的中点，E 是 OF 的延长线与 γ_3 的
交点). 任意取定 γ_3 的一个内接正三角形，易知其边长是
$(\sqrt{6}+3)/2$.

$$|AB| = 1$$
$$|OF| = \sqrt{2}/2$$
$$|EF| = \sqrt{3}/2$$
$$|E'O'| = \sqrt{3}/3$$

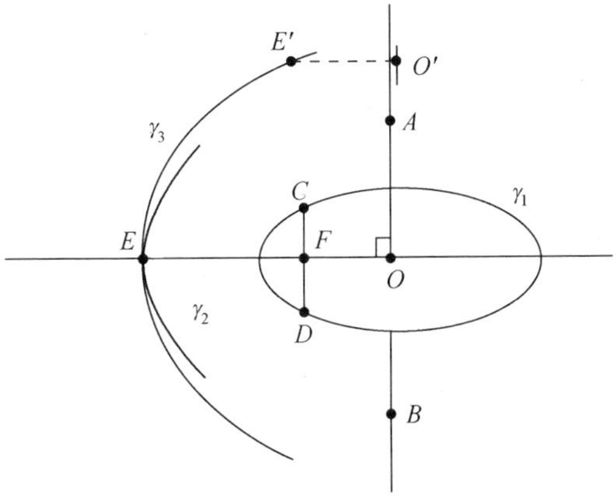

图 4-4

再进一步设想赤道 γ_3 沿圆环面均匀向上方收缩，则其
半径随之逐渐变小，所取的内接正三角形的三个顶点也随
之沿圆环面向上往中心方向均匀地收拢. 当点 E 运动到某
一点 E'，这里的点 E' 到 AB 的距离 $|E'O'| = \sqrt{3}/3$ 时，内接
正三角形的边长正好缩小成 1，而它的三个顶点都在圆环
面上，所以都是红点.   □

定理 4.2.1 的第二个结论可以推广成更一般的结论：

定理 4.2.2 设 T 是任意给定的 3 点集，则有

$$E^3 \longrightarrow (T)_2.$$

证明 不妨设 T 是边长为 a,b,c 的三角形的 3 个顶点，其中 $a,b,c>0,a+b \geqslant c$.（当 $a+b=c$ 时，T 中三点共线，以下我们也用 T 来记以它为顶点的三角形，包括三点共线的退化情形.）

假设 E^3 已做红、蓝染色. 根据定理 4.2.1，E^3 中一定有顶点同色的正三角形 ABC，其边长是 a，不妨设 A,B,C 都是红点. 我们在 ABC 所在的平面上构作由四个正三角形组成的构图，其中 $\angle EBC$ 待定（图 4-5）.

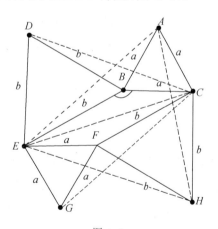

图 4-5

不难证明六个三角形 ABE,DBC,EBC,EFH,GFC 和 HCA 全等. 而且可以通过适当选取 $\angle EBC$ 使得这六个三

角形都全等于所给的三角形 T（这也包括退化情形 $a+b=c$）. 假如这六个全等三角形中每一个顶点都非单色,则由此可以推出如下矛盾:

$$A,B,C \text{ 红} \Rightarrow E,D \text{ 蓝} \Rightarrow G \text{ 红};$$

$$A,C \text{ 红} \Rightarrow H \text{ 蓝};$$

F 是什么色? 它既不可能是红(因 G,C 红);

又不可能是蓝(因 E,H 蓝)!

这个矛盾说明,上述六个全等于 T 的三角形中必有一个三角形的顶点同色. □

接下去人们自然会提出这样的问题:如何推广定理 4.2.1 的第一个结论? 因为已经证明了当 T 是正三角形时, $E^2 \not\longrightarrow (T)_2$. 因此上述问题可以更具体地提成:对怎样的 T 有 $E^2 \longrightarrow (T)_2$?

在上一节提到的论文 EGMRSS（Ⅰ）中,作者们证明了当 T 是 $30°,60°,90°$ 的三角形时一定有 $E^2 \longrightarrow (T)_2$. 他们在这篇论文中更进一步提出了这样的猜想:"除 T 是正三角形这一类情形外,都有 $E^2 \longrightarrow (T)_2$."这个提法十分简明的猜想引起人们很大的兴趣. 论文发表三年之后,有人证明了对任一直角三角形 T,有 $E^2 \longrightarrow (T)_2$. 之后一直没有进展. 直到 1986 年,才由 P. 佛朗克尔（P. Frankel）和洛德尔在一篇很短的论文中一举证明此猜想成立,论文刊于《美国数学会会刊》（*Trans. Amer. Math. Soc.*）的 297 卷（1986）,

777-779 页.

从上面的讨论可以看到,对性质 $E^n \longrightarrow (S)_k$ 来说,若 $n=2$ 时成立,则 $n=3$ 时也必然成立;但反过来情况就不确定了.为了研究更一般的情况,我们当然不能把 n 限制在 2 和 3,即平面 E^2 和空间 E^3 这两种直观的情形,而要研究一般的 n,即 n 维欧氏空间 E^n.

所谓 n 维欧氏空间 E^n,首先是一个点集,它的每个点用一个有序 n(实)数组来表示,如点 A 相当于 $(a_1, a_2, \cdots, a_n)$;并且这样来定义 E^n 中两点 $A = (a_1, a_2, \cdots, a_n)$ 和 $B = (b_1, b_2, \cdots, b_n)$ 的距离 $|AB|$:

$$|AB|^2 = \sum_{i=1}^{n} (a_i - b_i)^2.$$

除此之外,我们把从 E^n 到 E^n 上的保持任意两点的距离不变的一个一一对应叫作(E^n 的)一个正交变换. E^n 中的两个图形 F 和 F'——这里的"图形"就是点集的意思——称为全等,如果有 E^n 的一个正交变换把 F 变换成 F'. n 维欧氏空间就是点集 E^n 连同它的所有正交变换组成的总体, E^n 中在任一正交变换下都不变的性质称作 E^n 的欧氏几何性质.第一次接触这些名词的读者不妨把 n 当作 2、3 看待,就不会产生神秘感.现在可以明确地表述前面所说的一般概念了:

设 $n, k \geqslant 2, F$ 是 n 维欧氏空间 E^n 中的一个有限点集.

则记号 $E^n \longrightarrow (F)_k$ 表示这样的结论成立：对 E^n 的点的任一 k-染色，一定有单色的点集 F'，使得 F' 与 F 全等. 我们也用 $E^n \not\longrightarrow (F)_k$ 表示这个结论不成立.

所以箭头关系 $E^n \longrightarrow (F)_k$ 是一种具有拉姆塞理论内涵的欧氏几何性质. 对此我们在下一节来进一步阐明.

§4.3*　一般问题

在 §4.1，§4.2 中，我们就一些非常简单的点集 F 在 $n=2,3$ 的情况下讨论了性质

$$E^n \longrightarrow (F)_k$$

是否成立的问题，现在首先说明这类问题的拉姆塞理论内涵.

从拉姆塞理论的超图观点来看[参看 §2.6 的(C)]，对给定的 n 和 F^n 的有限点集 F，可以定义一个相应的超图 $H_n = H(E^n, F)$，超图 H_n 的点集是 E^n；边集 $F^n = \{F' c E^n : F' 与 F 在 E^n 中全等\}$，即 H_n 的每一边就是与 F 全等的一个子集. 根据超图色数和箭头关系的定义不难证明，性质 $E^n \longrightarrow (F)_k$ 成立的充要条件是超图 H_n 的色数 $\chi(H_n) > k$. 这充分揭示了几何性质 $E^n \longrightarrow (F)_k$ 的拉姆塞理论内涵. 从这种角度来考察，可以自然地提出三类很一般的欧氏空间的拉姆塞理论问题，现分别阐述如下.

（A）对给定的 n 和 E^n 的有限点集 F，求超图 $H_n =$

$H(E^n, F)$的色数 $\chi(H_n)$.

用箭头符号来表述,就是对给定的 n 和 F,求出使得 $E^n \nrightarrow (F)_k$ 成立的最小 k 的值.

问题(A)虽然可以用这些术语简明地表述,但问题本身的难度极大.只要回想一下 §4.1 的问题就会赞同这种说法:在那里 $n=2$,$F=S_2$,相应的超图 $H(E^n, F)$ 是一个图——因为每边都是 2 点子集,其色数在 §4.1 简记成 $\chi(E^n)$,而其精确值只知道是 $4,5,6,7$ 这四个数之一而至今尚未确定!

(B) 对给定的 k 和(某一个欧氏空间的)有限点集 F,求出使得 $E^n \longrightarrow (F)_k$ 成立的最小 n 的值.

因为当 $n < m$ 时,性质 $E^n \longrightarrow (F)_k$ 显然蕴涵性质 $E^m \longrightarrow (F)_k$,所以可以确切地定义使得 $E^n \longrightarrow (F)_k$ 成立的最小 n 的值——当然这要在存在一个 n 使得 $E^n \longrightarrow (F)_k$ 成立的前提之下,对于这个存在性问题本身以后再谈,这里假定存在这样一个 n——我们把这个由 k 和 F 确定的最小的 n 记为 $R(F, k)$,它和以前讲过的拉姆塞理论的各种定理中出现的相应拉姆塞型数如出一辙,它的值也和其他拉姆塞型数一样极难确定.从 §4.1 的内容可知,对于任意一个 2 点集 F_2 来说,有 $R(F_2, 2) = 2$;从 §4.2 的讨论又可知,对于任意一个正三角形的 3 顶点集 F_3^*,有 $R(F_3^*, 2) = 3$;而对任一 3 点集 $F_3 \neq F_3^*$,则有 $R(F_3, 2) = 2$.注意到最后

这个数的确定花费了大量杰出数学家十几年的努力！正如美国图论学家哈拉里在纪念拉姆塞八十诞辰的文章中所说的那样："(拉姆塞理论的)结果(在被发现后)往往易于陈述但难于证明；……未解决问题不可胜数,而且有意义的新问题还在以超过老问题获解的速度不断涌现."这里举一个关于 $R(F,k)$ 的未解决问题为哈拉里的说法作证. 当 $|F|=2$、3 时,数 $R(F,2)$ 已如上完全确定.接下去自然要研究 F 是 4 点集时的值 $R(F,2)$,这时"最简单"的 4 点集看上去是单位边长的正方形的顶点集 S_4. 对此首先不难证明 $E^2 \not\longrightarrow (S_4)_2$.另外还有下述结论：

命题 4.3.1 $E^6 \not\longrightarrow (S_4)_2$.

证明 在 E^6 中取如下所说的 15 个点的集：

$$P=\{(x_1,x_2,x_3,x_4,x_5,x_6)\in E^6 : 4 \text{ 个 } x_i \text{ 是 } 0, 2 \text{ 个 } x_i \text{ 是 } 1/\sqrt{2}\}.$$

再记点集 $\{v_1,v_2,v_3,v_4,v_5,v_6\}$ 的完全图的总共 15 条边的集为 $E=\{\{v_i,v_j\}:1\leq i<j\leq 6\}$,定义从 P 到 E 的一个一一对应为：E 中的边 $\{v_i,v_j\}(i<j)$ 对应于 P 中使得 $x_i=x_j=1/\sqrt{2}$ 的点 $(x_1,x_2,x_3,x_4,x_5,x_6)$. E^6 的任一 2-染色可以产生 P 的一个 2-染色,再通过上述一一对应确定了 E 的一个 2-染色.但我们知道,对 K_6 的边集的一个 2-染色来说,K_6 中必有各边同色的 4 边形(见第一章习题 2),不妨设同色的 4 边是 $\{v_1,v_2\}$,$\{v_2,v_3\}$,$\{v_3,v_4\}$ 和 $\{v_1,v_4\}$. 它

们反过来又对应于 P 中同色的 4 点 $(1/\sqrt{2},1/\sqrt{2},0,0,0,0)$，
$(0,1/\sqrt{2},1/\sqrt{2},0,0,0)$，$(0,0,1/\sqrt{2},1/\sqrt{2},0,0)$ 和 $(1/\sqrt{2}$，
$0,0,1/\sqrt{2},0,0)$. 易知这 4 点是单位边长的正方形的顶
点. □

从命题 4.3.1 可知数 $R(S_4,2)$ 能明确定义，而且满足
$2<R(S_4,2)\leqslant 6$. 但人们还没有研究出数 $R(S_4,2)$ 究竟是
多少. 事实上至今还未能判定是否有 $R(S_4,2)=3$，即是否
有 $E^3 \longrightarrow (S_4)_2$.

我们不再列举其他尚未确定的数 $R(F,k)$ 了. 从上述
简短的讨论可以设想，已求出的数实属凤毛麟角.

从前面几章已经能看到，拉姆塞理论的诸多定理就其
最本质的属性而言首先是存在性定理，对欧氏拉姆塞理论
来说，这种根本性的存在性问题往往远未澄清，更有待研究
和探求. 下面就是其中一类最基本的存在性问题.

(C)拉姆塞点集

定义 4.3.1 设 F 是某个 m 维欧氏空间 E^m 的一个有
限点集. 如果对任一整数 $k\geqslant 2$，一定存在相应的正整数 n，
使得有 $E^n \longrightarrow (F)_k$，则称 F 是拉姆塞点集. 对给定的 $k\geqslant 2$
和拉姆塞点集 F，把使得 $E^n \longrightarrow (F)_k$ 成立的 n 的最小值记
为 $R(F,k)$.

欧氏拉姆塞理论的一个最基本的问题是给出拉姆塞点集的特征刻画.这个根本性问题远远没有解决.我们将在下一节讲述迄今为止关于这个问题的最主要结果.这里只举几个简单的拉姆塞点集和非拉姆塞点集的例子.

最简单的拉姆塞点集有 2 点集 F_2 和正三角形的顶点集 F_3^*,事实上有下面的结论:

命题 4.3.2 对任一 $k \geqslant 2$ 都有

$$E^k \longrightarrow (F_2)_k \text{ 和 } E^{2k} \longrightarrow (F_3^*)_k.$$

证明 记 F_2 中两点的距离是 d,在 E^k 中任取一个各边长都是 d 的 k 维单纯形①.则对 E^k 的任一 k-染色,这个 k 维单纯形的 $k+1$ 个顶点中必有 2 点同色.从而有 $E^k \longrightarrow (F_2)_k$.

同样,设 F_3^* 是边长为 d 的正三角形的 3 个顶点.在 E^{2k} 中任取一个各边长都是 d 的 $2k$ 维单纯形,同理可证对 E^{2k} 的任一 k-染色,这个 $2k$ 维单纯形的 $2k+1$ 个顶点中必有 3 点同色,从而有 $E^{2k} \longrightarrow (F_3^*)_k$. □

在上述命题的证明中我们很清楚地看到,当空间维数 n 提高后,性质 $E^n \longrightarrow (F)_k$"更容易"成立.但单靠提高 n 并不一定能保证 $E^n \longrightarrow (F)_k$ 会成立,下面是一个最简单,

---

① 我们可以不用这一术语,直接说成"每 2 点的距离都是 d 的 $k+1$ 个点".下同.

同时也是最有启发性的非拉姆塞点集.

命题 4.3.3 设 A,B,C 是共线的 3 个点,其中 B 是线段 AC 的中点,记 $L=\{A,B,C\}$. 则对任一正整数 $n,E^n \not\longrightarrow (L)_4$.

证明 对任一给定的 n,我们给出 E^n 的这样一个 4-染色:4 种色分别记成 $0,1,2,3$,再把点 $(0,0,\cdots,0)$ 记成 O,则 E^n 的任意一点 $M=(x_1,x_2,\cdots,x_n)$ 染成 i 色,这里 $i \equiv L\,|\,OM\,|^2 \pmod 4$. 其中 $|OM|^2=\sum_{i=1}^{n} x_i^2$ 是 O 和 M 两点距离 $|OM|$ 的平方.

假设在上述 4-染色下点 A,B,C 同为 i 色,不妨设 $|AB|=|BC|=1$,再记 $|OA|=a$,$|OB|=b$,$|OC|=c$,$\angle ABO=\theta$ (图 4-6),则有关系式

$$\begin{cases} a^2=b^2+1-2b\cos\theta \\ c^2=b^2+1+2b\cos\theta \end{cases}$$

从而可得

$$a^2+c^2=2b^2+2.$$

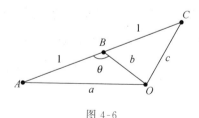

图 4-6

但因 A,B 和 C 同为 i 色,故有整数 q_a,q_b 和 q_c 使下式

成立:

$$\begin{cases} a^2 = 4q_a + i + r_a,\ 0 \leqslant r_a < 1 \\ b^2 = 4q_b + i + r_b,\ 0 \leqslant r_b < 1 \\ c^2 = 4q_c + i + r_c,\ 0 \leqslant r_c < 1 \end{cases}$$

以此代入前式得

$$4(q_a + q_c - 2q_b) - 2 = 2r_b - r_a - r_c.$$

但此式左边是 2 的整数倍,而右边则肯定不是,这一矛盾证明了

$$E^n \nrightarrow (L)_4.$$ □

我们最后提出一个关于拉姆塞点集的平凡但却很有用的命题.

命题 4.3.4 拉姆塞点集的任一子集也是拉姆塞点集.

证明 显然. □

§ 4.4* 拉姆塞点集(续)

关于拉姆塞点集的特征刻画问题主要有两个非平凡的一般性结论,一个结论给出了范围很广的一类拉姆塞点集;另一个则给出了点集是拉姆塞点集的一个简单明了的必要条件. 这两个结论虽早在 EGMRSS(Ⅰ)中已经发表,但至今仍都是关于拉姆塞点集的特征刻画问题的最强的一般性结论. 我们在这一节将先说第一个结论(其证明不妨先跳过

不读),再介绍第二个结论.

首先定义一个记号:设 Q_1 和 Q_2 分别是 E^{n_1} 和 E^{n_2} 的子点集,则定义 $Q_1 * Q_2$ 是 $E^{n_1+n_2}$ 的如下子点集

$$Q_1 * Q_2 = \{(x_1, x_2, \cdots, x_{n_1+n_2}) : (x_1, x_2, \cdots, x_{n_1}) \in Q_1,$$
$$(x_{n_1+1}, x_{n_1+2}, \cdots, x_{n_1+n_2}) \in Q_2\}.$$

例如,若 Q_1 是 3 点集,Q_2 是相距 d 的 2 点集(这时 n_1 和 n_2 分别是 2 和 1),则 $Q_1 * Q_2$ 是 E^3 中一个高为 d、底为以 Q_1 作顶点的三角形的三棱柱的 6 个顶点的集. 这个例子说明 $Q_1 * Q_2$ 可以是 $E^{n_1+n_2}$ 中彼此全等的点集中的任意一个,所以这个记号所表示的是一个欧氏几何概念. 此外,显然有 $E^m * E^n = E^{m+n}$.

定理 4.4.1 设有限点集 R_1 和 R_2 都是拉姆塞点集,则 $R_1 * R_2$ 也是拉姆塞点集.

证明 我们证明对任一给定的数 $k \geq 2$,一定有数 m 和 n,使得对 $E^{m+n}(=E^m * E^n)$ 的任一 k-染色 $f: E^m * E^n \longmapsto [k]^{①}$,在 E^m 和 E^n 中分别有与 R_1 和 R_2 全等的点集 R'_1 和 R'_2 使点集 $R'_1 * R'_2$ 在染色 f 下是单色的.

首先,因为 R_1 是拉姆塞点集,故有数 m 使 $E^m \longrightarrow (R_1)_k$. 又因为 R_1 是有限点集,所以 §4.3 开头所定义的超图 $H(E^m, R_1)$ 的每一边都是有限集,从而根据(不可数集

---

① 为有别于箭头符号,这里暂时把从 X 到 Y 的映射 f 表示成 $f: X \longmapsto Y$.

E^m 上的)紧性原理(见第二章 §2.6,那里只证明了可数集上的紧性原理,但同样的结论对不可数集也成立),一定有 E^m 的有限子集 T,使得 $T \longrightarrow (R_1)_k$.我们记 $|T|=t,l=k^t$.同理因 R_2 是拉姆塞点集,故有 n 使得 $E^n \longrightarrow (R_2)_l$.现在我们再来考察 $E^{m+n}=E^m * E^n$ 的 k-染色 f.

　　f 在 $E^n * E^n$ 的子集 $T * n$ 上的限制自然地确定了 $T * E^n$ 的 k-染色 $f':T * E^n \longrightarrow [k]$.通过 f' 又可以建立 E^n 的一个 $l=k^t$-染色 f'' 如下:这时我们用从 T 到 $[k]$ 的总共 $k^t=l$ 个映射来标记 l 种颜色,对点 $y_0 \in E^n$,$f''(y_0)$ 定义为这样的从 T 到 $[k]$ 的一个映射 $f'(\cdot,y_0):T \longrightarrow [k]$,它把 $x \in T$ 映成 $f'(x,y_0) \in [k]$.在 E^n 的这个 l-染色下,E^n 中有单色点集 R_2' 与 R_2 全等,这就是说当 y 在 R_2' 变动时,从 T 到 $[k]$ 的映射 $f'(\cdot,y)$ 都相等,即对任一给定的 $x_0 \in T$ 来说,值 $f'(x_0,y)$ 是 $[k]$ 的一个与 $y \in R_2'$ 无关的定值,我们把这个值记成 $f'(x_0,R_2')$,再用它定义 k-染色 $f''':T \longrightarrow [k]$,它把 $x \in T$ 染成 $f'''(x)=f'(x,R_2')$.对 T 的这个 k-染色 f''' 来说,由箭头关系 $T \longrightarrow (R_1)_k$ 可知 T 中有单色点集 R_1' 与 R_1 全等,从而根据 f''' 的定义可知 $E^m * E^n$ 的点集 $R_1' * R_1'$ 对于 k-染色来说是单色的.　　　　　□

　　下面我们给出定理 4.4.1 的一个非常有用的推论,先引入一个名词.

　　设 $d_1,d_2,\cdots,d_n$ 是 n 个正实数,则从 n 个 2 点集 $\{0,d_i\}$

$\subset E(i=1,2,\cdots,n)$ 可以定义 E^n 的一个 2^n 点集

$$B(d_1,d_2,\cdots,d_n)$$
$$=\{0,d_1\}*\{0,d_2\}*\cdots*\{0,d_n\}$$
$$=\{(\varepsilon_1 d_1,\varepsilon_2 d_2,\cdots,\varepsilon_n d_n):\varepsilon_i=0 \text{ 或 } 1,1\leqslant i\leqslant n\}.$$

当 $n=3$ 时,$B(d_1,d_2,d_3)$ 就是 3 维空间 E^3 中的一个长、宽、高分别是 d_1,d_2,d_3 的长方体的顶点集. 一般地,把 $B(d_1,d_2,\cdots,d_n)$ 叫作一块 n 维砖的顶点集,简称为 n 维砖顶集.因为任一 2 点集是拉姆塞点集,故多次利用定理 4.4.1 即可知任一 n 维砖顶集是拉姆塞点集,再结合命题 4.3.4 就得到下面这个推论,我们把它写成定理的形式以突出其重要性.

定理 4.4.2 任一 n 维砖顶集的任一子集都是拉姆塞点集. □

这个定理表面上看起来很平常,但它却包含了迄今为止所得到的有关拉姆塞点集的全部肯定结论!换一种方式来说,到目前为止人们还没有发现任何一个拉姆塞点集不是砖顶集的子集.

例如,用 S_{n+1}^* 表示 E^n 中两两相距 d 的 $n+1$ 点集(边长都是 d 的 n 维单纯形的顶点集),则不难验证 S_{n+1}^* 是 n 维砖顶集 $B(d/\sqrt{2},d/\sqrt{2},\cdots,d/\sqrt{2})$ 的子集,从而一定是拉姆塞点集.E^n 中不含于任一 E^{n-1} 的 $n+1$ 点集 S_{n+1} 是否一定是拉姆塞点集?人们还无法回答.一个与之相关的更具体的几何问题是:S_{n+1} 是砖顶集的子集的充分必要条件是什么?

一个明显的必要条件是 S_{n+1} 中任意 3 点不构成钝角三角形（包括 3 点共线的退化情形在内）. 当 $n=2$ 和 3 时, 可以证明这个条件也是充分的, 但当 $n=4$ 时, 颇令人感到意外地找到了空间不共面的 4 点（一个特殊的 S_4）, 它不是砖顶集的子集, 但其中任意 3 点都构成锐角三角形. 所以上述貌似平常的几何问题实际上很难, 还有待研究解决.

现在来介绍第二个结论. 首先定义它的一个关键词. E^m 的一个子点集 S 称为共球面的, 如果 S 含于某个欧氏空间的某个球面; 具体地说, 有 E^n 及其一点 Q, 使得 S 全等于 E^n 的这样一个子点集 S', S' 的各点与点 Q 等距.

定理 4.4.3 有限点集 S 是拉姆塞点集的必要条件是 S 共球面.

这个定理的证明比较长, 这里从略, 不过我们对这一结论并不完全陌生: 从命题 4.3.3 可知 3 点集 $L=\{A, B, C\}$（其中 B 是 AC 的中点）一定不是拉姆塞点集. 从定理 4.4.3 可以进一步知道, 任意共线的 3 点集一定不是拉姆塞点集, 因为共线的 3 点一定不共球面.

关于拉姆塞点集的全部一般结论可以简明地概括成下述推理关系:

砖顶集的子集 $\Rightarrow$ 拉姆塞点集 $\Rightarrow$ 共球面点集.

在这方面的一个重要进展是左边的推理反过来不一定成立, 佛朗克尔和洛德尔在 1986 年证明了任一不共线的三点集一定是拉姆塞点集,而钝角三角形的顶点集不是砖顶集!

关于欧几里得空间中的拉姆塞理论这一年轻分支的一般性讨论到此告一段落.下一节我们讲述欧氏空间中一个具体的拉姆塞理论结果.

§4.5 一个超大数

从第二、三章的一些讨论中可以看到,在拉姆塞理论的某些定理的证明中,为了保证合于定理要求的数一定存在而设计的结构往往非常之大,以致把这些庞大结构的元素个数当作定理要求的最小数——统称为各种拉姆塞数——的上界也就非常之大.第二章的范德瓦尔登数的上界和第三章§3.5的(A)中说到的福克曼所构作的图的点数都是具体例子,这一节再讲述欧氏空间中一个具体的拉姆塞理论结果,它也许比前面两个例子更生动,这个例子经一些文章介绍而流传颇广.(如附录中所引用的介绍埃尔德什和葛立恒的那篇文章说这个例子中出现的超大数是数学证明中所使用的最大数,并以此被收入《吉尼斯世界纪录大全》,文中具体说明了这个例子,但作者在1988年版的《吉尼斯世界纪录大全》中并没有找到这项记录.)在本节我们将比较准确地说明产生这个数的过程以及这个数的具体表示.

这个例子的出处是§2.3(C)中提到过的由葛立恒

和罗斯切特合作的重要论文"关于 n 参数集的拉姆塞定理"(见 *Trans. Amer. Math. Soc.*,1971(159):257-292)中主要定理的一个推论的最小的非平凡情形,其具体表述如下:

记 n 维欧氏空间 E^n 中 n 维单位方体的顶点集为 $C_n=\{(x_1,x_2,\cdots,x_n):x_i=0$ 或 $1,i=1,2,\cdots,n\}$.定义 N^* 是具有如下性质的最小正整数:对任一整数 $n\geqslant N^*$ 和 $C_n^{(2)}$ 的任一 2-染色(这里的 $C_n^{(2)}$ 是 C_n 的所有 2 元子集的集,也就是 E^n 中 n 维单位方体的所有顶点对的集),C_n 中一定有共平面的 4 点,它们所确定的 6 个点对都同色.

上述数 N^* 的存在性是一个一般结论的特例(这里不具体陈述了,我们先承认这一点),这个一般结论还给出了数 N^* 的一个上界,它就是被说成是创纪录的超大数.先不去管它是否真是创纪录,说它是"超大数"却一点不假.用我们在 §2.3(A)所说的阿克曼层次来表示的话,如果把第 $m+1$ 层的函数 $A_{m+1}(n)$ 改记成 $F(m,n)$,则这个上界可以写成

$$F(F(F(F(F(F(F(12,3),3),3),3),3),3)).$$

或者这样递推地表示:令

$$H_1=A_{13}(3),\quad H_2=A_{H_1+1}(3),\quad H_3=A_{H_2+1}(3),$$
$$H_4=A_{H_3+1}(3),\quad H_5=A_{H_4+1}(3),\quad H_6=A_{H_5+1}(3),$$

则这个上界是 $A_{H_6+1}(3)$.

数 $H_1 = A_{13}(3)$ 已经大得难以想象，因为其层次 13 不低；但 $H_1 + 1$ 只是用以表示 H_2 的层次，数 $H_2 = A_{H_1+1}(3)$ 更远大于 H_1. 从 H_2 到 H_3 也是如此，这样从 13 层出发，在层次上接连累进飞跃 7 次，直到 $A_{H_5+1}(3)$ 这个超大数，这样一个难以置信的超级大数出现在一个有其自身意义而并非人为的数学问题的结论之中，确实令人惊叹！但故事还没有完，葛立恒和罗斯切特指出，数 N^* 的已知最大下界是 6，在指出 N^* 的前述上界和下界后，他们以平淡的笔调写道："显然，这里有改进的余地."他们在别处还说过，N^* 很可能就是 6，但自该文发表后，对于 N^* 的上下界的结果似乎并没有得到改进.

葛立恒和斯宾塞在《科学美国人》(*Scientific American*，1990 年，263 卷，第 1 期，中译文：《科学》杂志，1990 年，第 11 期，59-66 页)上撰写了一篇题为"拉姆塞理论"的介绍性论文.这里引用他们的一段话来结束我们这本小书.他们写道："拉姆塞、埃尔德什、范德瓦尔登以及其他许多数学家的工作奠定了拉姆塞理论的基础.但是数学家们还只是刚刚开始探索拉姆塞理论的意义及其影响.这个理论表明，数学的基本结构有相当大一部分是由极大的数和集合组成的，这些数与集合大得难以表示，更不用说理解了."接下去他们又说："通过研究这类大数，我们可能会发现一些有助于工程师设计大规模通信网络或有助于科学家识别出

大尺度物理系统中的模式的数学关系."他们的这个预言只
能留待历史来检验了.

习 题

1. 设 E^2 中的点集 S 与 S' 相似,则 $E^2 \longrightarrow (S)_k$ 成立的充要
条件是 $E^2 \longrightarrow (S')_k$.(这一结论对 E^n 也正确).

2. 证明 §4.3 开始的断言:$E^n \longrightarrow (F)_k \Leftrightarrow \chi(H_n) > k$.

3. 证明 $E^2 \nrightarrow (S_4)_2$(见命题 4.3.1 之前).

4. 证明命题 4.3.4.

5. 证明定理 4.4.2 后面所说的结论:当 $n=2$ 和 3 时,S_{n+1} 是
砖顶集的子集的充要条件是 S_{n+1} 中任意 3 点不构成钝角三
角形.

五 拉姆塞理论的一些进展

§5.1 导 言

本书是一本普及性读物,我们想为有兴趣的读者提供一个导引,或许有人会循此进行系统的学习而步入研究者行列——毕竟兴趣是最好的教师,我们的本意当然不会局限于读者止步于仅仅阅读这本小册子.本章特地为有兴趣的读者提供进一步的背景,乃至一些可让读者轻松片刻的话题.我们尽可能用初等的语言或替代方式来介绍有关内容,目的是使读者不需有太多的其他数学知识就可以对这些研究有一个大致的了解.尽管如此,就问题本身的进展而言,我们介绍的内容是到本书写作时已经发表过的最近结果.这里的所谓"最近结果",和一切皆如浮云的流行话题大不相同,我们是指到目前尚未见有改进的结果.因此我们这里提到的有些"最近结果"可能会有数十年的历史.

　　数学的一个基本方法是数学归纳法：它是确定一个命题从某个整数开始后都能成立的一个方法．在这点上，拉姆塞理论和数学归纳法有相同之处．以图的拉姆塞数 $R(p,q)$ 为例，要是把陈述"给定正整数 p,q，对阶为 n 的完全图 K_n 的边进行任意红、蓝着色，都能够或者有红色的 K_p，或者有蓝色的 K_q"看成一个命题，则拉姆塞数 $R(p,q)$ 就是使上述命题成立的最小的 n．本书中列举的各种形式的拉姆塞定理说明了事物的发展是有序的，无序往往是有限的例外（通常出现在变"量"较小的时候）．拉姆塞数就是保证这种有序一定发生最小的量．

　　有时我们把拉姆塞理论看成抽屉原理的推广．抽屉原理非常简单：把 $k+1$ 本书放在 k 个抽屉中，必有一个抽屉至少有两本书．要是我们把上面的原理说成把 n 本书放在 k 个抽屉中，则当 n 足够大时，必有一个抽屉至少有两本书．那么，这里保证这个情况发生的最小 n 是 $k+1$．

　　由于人们对 $R(p,q)$ 确切的值知之甚少，因此人们在不断努力，以了解规律，也满足好奇心．另一方面，易知 $R(2,q)=q$，一个自然的问题就是：我们能否得到别的，[例如 $R(3,q)$] 的公式？这种想法很自然但却有些天真．在一些困难的数学问题（常见如离散数学中许多非线性极值问题）中，这往往办不到．以一个非常重要的数学函数 $\pi(n)$ 为例，它的定义是不超过 n 的素数的个数．我们可以用计算

机获得非常多的 $\pi(n)$ 的准确值,但是几百年来无法知道它的公式. 怎么办? 我们退而求其次得到 $\pi(n) \cong \dfrac{n}{\log n}$,这里我们用 $\cong$ 表示渐近相等,就是表示当 n 越来越大时,两者之比越来越接近于 1. 另外,像已经使用过的一样,$\log x$ 表示自然对数. 我们称 $\dfrac{n}{\log n}$ 为 $\pi(n)$ 的渐近公式,是因为两者之比值越来越接近于 1,但相差可能越来越大. 渐近公式有无穷个,例如对任意常数 c,$\dfrac{n}{\log n}+c$ 都是 $\pi(n)$ 的渐近公式,我们当然愿意取其中最简单的一个. 若两个正值函数 $f(n)$ 和 $g(n)$ 渐近相等当且仅当对任何 $\varepsilon>0$,存在 $N=N(\varepsilon)$ 使得当 $n \geqslant N$ 有

$$(1-\varepsilon)g(n) \leqslant f(n) \leqslant (1+\varepsilon)g(n).$$

为了简单,我们常把"存在 $N=N(\varepsilon)$ 使得当 $n \geqslant N$"说成"当 n 充分大".

作为得到 $\pi(n)$ 渐近公式的探索研究,数学家此前证明有正的常数 c_1 和 c_2,使得对一切的 n 成立

$$c_1 \frac{n}{\log n} \leqslant \pi(n) \leqslant c_2 \frac{n}{\log n}.$$

要是不看乘积常数,上面的上下界中的 $n/\log n$ 是一致的,我们就说 $n/\log n$ 是 $\pi(n)$ 的一个准确阶,或者说 $\pi(n)$ 的阶是 $n/\log n$. 得到准确阶是得到渐近公式之前最重要的

工作,得到准确阶之后我们就希望得到较好的常数,但此时我们只是要求所得到的界当 n 很大时成立即可. 容易看出,当有 n 很大时成立的上界和下界,我们可以适当扩大上界中的 c_2 和缩小下界中的 c_1,就可以使得同样形式的上下界对一切 n 成立. 在这些估计的过程中,我们不太在意前面有限个 n 而重点是在后面的无穷多个 n,这和拉姆塞理论研究数量大的时候的有序现象的精神是一致的.

我们后面还有"越来越接近于"的用语,这都是对"n 越来越大"来说的. 设 A 是一个正整数集合,记 a_n 为 A 中不超过 n 的整数的个数. 若 a_n 与 n 之比趋向一个正数,我们说 A 有一个正密度. 前面关于素数的个数的讨论说明素数没有正密度. 我们在第 4 节再回过来讨论正密度整数集中的等差级数问题,它是拉姆塞理论中的重要课题.

本章所述的论文列在书后的参考文献中.

§5.2　对角拉姆塞数的估计

第一章我们得到了 $R(p,q) \leqslant \dbinom{p+q-2}{p-1}$,从而给出了

$$R(p,p) \leqslant \binom{2p-2}{p-1} \cong \frac{4^p}{4\sqrt{\pi p}}.$$

我们大致可以这样理解前面 $R(p,p)$ 的上界,其分母 $4\sqrt{\pi p}$ 与分子 4^p 比起来,微不足道,因此 $R(p,p)$ 当前的上

界大致就是 4^p. 尽管文献[8]改进了这个上界,但还没有改动这个幂函数的底(4).

第一章我们给出了埃尔德什 1947 年的论文[9]中的"计数"下界:

$$R(p,p) \geqslant \frac{p}{e\sqrt{2}}\sqrt{2}^p.$$

第一章也叙述了当前最好的下界,改进的只是前面的乘积系数而已,远未能改动幂函数的底($\sqrt{2}$). 我们要和读者再回顾一下埃尔德什的证明.

埃尔德什的证明的意义远远超出给出一个技巧和给出一个下界.

学习过初等概率论的读者知道,古典概型中的概率就是事件发生数与总数的比.上述证明有概率的意义.后来,埃尔德什和任尼的论文(文献[11])中的随机图模型是这个思想的进一步发展.在随机图模型中,给定一个概率 p,假定每一条边出现的概率为 p,则每一个图都有一个出现的概率.我们容易知道上述证明相当于边概率 $p=1/2$ 的情形.有趣的是,只有 $p=1/2$,随机图模型才是一个古典概型,才可以由计数计算概率,别的都不可以.今天,随机图的应用已经远远超出数学界,成为其他学科描叙一个系统有力的工具,不少论文发表在著名科学杂志《科学》(Science)和《自然》(Nature)上.从小深受埃尔德什引导的波罗巴希

(Bollobás)教授的著作(文献[4])对随机图的传播起到了重要作用.不仅如此,从埃尔德什早期的一些结果出发,特别是上面的这个结果,已经发展了一整套离散数学的概率方法,这些方法所针对的问题本身与概率无关,参见阿龙-斯宾瑟(Alon-Spencer)的专著(文献[2]).

　　埃尔德什的证明的另一个重要意义是揭示了离散数学的复杂性超出我们的想象.对于我们所取的 n,上面的证明含 n 阶的团或 p 阶的独立集的图所占的比例越来越接近于0.这就是说,当我们从总的这些图中去掉那些含 p 阶的团或 p 阶的独立集的图,去掉的比例越来越小,几乎所有的图都剩下了,任何一个剩下的图都可以给出如此的下界.但这样的证明只是一个存在性证明,没有告诉我们这些图到底什么样.80多年过去了,不要说构建一个图(实际是一列图)给出一个形如 $\sqrt{2}^p$ 的下界,哪怕是给出形如 1.001^p 的下界也没有人办得到.我们由于这类图大量存在而无法接近(构造)是如此的尴尬.当然,从另一方面想,我们也可以坦然地自我安慰:我们所写的数,几乎都是有理数,但有理数和无理数相比,其个数简直可以忽略不计.学习越多,越使我们了解一个真相:未知的比已知的多得多.

　　我们这里再介绍一个促进随机图理论普及的有趣故事.随机图理论出现后,并没有得到应有的重视.20世纪70年代,欧洲好多次组合数学和图论会议,都有一个戏剧性的结尾:埃尔德什要求发言,说前面有一个人的某个猜想不成立,几乎所有的图都是反例!究其原因,是因为小的图直观明了,我们容易据此给出一些猜想(特别是线性的),但很可能是错误的.当图的阶越来越大时,就出现埃尔德什证明中的一边倒现象:几乎所有的图都不是某样的.有些想法,有可能依据的是拉姆塞数出现之前的情形,而后来被否定.

不少数学家试图描述随机图中的"几乎所有图"都满足的一些等价性质,但这些性质不包括拉姆塞数涉及的图的独立数的阶.这些描述中最引人注目的是金芳蓉-葛立恒-威尔森(Chung-Graham-Wilson)的论文[7].

埃尔德什是匈牙利籍犹太裔数学家,是一位传奇人物.他终身未婚,经常周游列国,而行李很可能是一个普通购物塑料袋.美国数学家葛立恒和 R. 傅竹(R. Faudree)都在家中为他准备了专用的房间.傅竹在埃尔德什离世后曾说过,因为埃尔德什不再需要这个房间,他有时会进去在床上躺一下,看看自己能否变得聪明一些.葛立恒教授曾任美国数学会主席,夫人金芳蓉(Fan Chung Graham,学术用名 Fan Chung)是出生在台湾高雄的著名华裔图论学者,她本科就读的台湾大学,其所在班级因多位女生成为知名数学家而成为美谈.埃尔德什在美国号称教授的教授.本书作者有几次在听别的教授上课时,他推门而入,侃侃而谈他正在想的一个问题,黑板上留下他特有的童真般的字体.葛立恒和金芳蓉,以及傅竹都有过很多次半夜酣睡中被他叫醒,起来讨论数学问题的经历.

他在随机图和拉姆塞理论的开拓贡献，以及他提出的有待解决的众多问题[6]是其身后最重要的精神财富.

埃尔德什早期和中国旅英学者柯召合作过重要论文(含 Erdös-Ko-Rado 定理)，他不忘故交，几次向本书作者询问过是否知道柯先生近况.埃尔德什和华裔数学家陈省身分享了 1983 年的沃尔夫奖.埃尔德什来过中国,和著名数学家华罗庚有过交往,这两人都是以学术会议的讲台为人生画上了句号.

§5.3　非对角拉姆塞数的估计

第一章我们介绍了一些非对角的拉姆塞数的上下界，我们这里讨论一下论证中的思想方法.前面提到的$R(p,q)$的上界,当 $p=3$ 时,有

$$R(3,q)\leqslant\binom{q+1}{2}\cong\frac{q^2}{2}.$$

另一方面,从定义可以看出,$R(3,q)-1$ 是最大的 N,使得存在 N 阶的图,它不含三角形,但它的独立数至多为 $q-1$.要是我们可以估计 $R(3,q)-1$,当然也就估计了 $R(3,q)$.这样的理解为我们提供了一个新的思路.让我们用 $\alpha(G)$来表示图 G 的独立数.文献[1]证明了:设 G 是一

个阶为 N 又不含三角形的图,其平均度为 $d>1$,则

$$\alpha(G) \geqslant \frac{N\log d}{100d}.$$

这个结果在文献[21]中被改进为:设 G 是一个阶为 N 又不含三角形的图,其平均度为 d,则

$$\alpha(G) \geqslant Nf(d),$$

其中 $f(x) = \frac{x\log x - x + 1}{(x-1)^2}$. 注意,对很大的 d, $f(d) \cong \frac{\log d}{d}$,因此,这个改进大致相当于把前一个下界中分母上的 100 拿掉了. 由这个结果就可以证明:对任意小的 $\varepsilon > 0$,只要 n 充分大,则有

$$R(3,q) \leqslant (1+\varepsilon)\frac{q^2}{\log q}.$$

进一步的改进和推广涉及的函数 $f_m(x)$ 比较复杂,但当 x 很大时,它渐近相等于 $\frac{\log x}{x}$,并对所有的 $x>0$ 均满足 $f_m(x) \geqslant \frac{\log(x/m)-1}{x}$. 文献[17][18]中证明了:设 G 是一个阶为 N 的图,其平均度为 d,且任何邻域诱导的子图最大度小于 m,则

$$\alpha(G) \geqslant Nf_m(d).$$

上述这些关于独立数下界的证明用到一种方法——半随机方法. 大致说来,它是在一个获得独立集的算法中的平

均性技巧. 用这些结果获得 $R(p,q)$ 上界的思路是: 一个不含 K_p 且独立数小于 q 的图, 最大度(从而平均度)不超过 $R(p-1,q)-1$, 而一个邻域诱导的子图的最大度小于 $R(p-2,q)$, 这样我们可以用归纳法(对 $p \geqslant 2$)和上面独立数下界给出该图的阶 N 的一个上界. 这个上界可以表述为: 对固定的 $p \geqslant 3$ 和任意小的 $\varepsilon > 0$, 只要 q 充分大, 则有

$$R(p,q) \leqslant (1+\varepsilon) \frac{q^{p-1}}{(\log q)^{p-2}}.$$

我们再来看看 $R(p,q)$ 的下界估计, 其进展要更慢些, 因而被认为是更困难的问题. 斯宾瑟的论文[23]把一个叫作局部引理的结果从对称形式推广到一般形式, 然后证明了: 对固定的 $p \geqslant 3$, 存在一个常数 $c = c(p) > 0$, 使得

$$R(p,q) \geqslant c \left(\frac{q}{\log q} \right)^{(p+1)/2}.$$

注意, 尽管上述的 c 与 p 有关, 我们依然称其为常数, 这是因为 p 固定后, 我们把 $R(p,q)$ 看作 q 的函数.

局部引理是一个判断许多随机事件都不出现的一个标准, 特别适用于这些事件不满足相互独立, 但除去少量事件对后又相互独立的情形.

局部引理[10]首先发表在一个会议论文集上, 它所描述的情形正是许多应用上常见的情形. 文献[10]中有一些局部引理的初步应用, 而在文献[23]中得到 $R(p,q)$ 的下界才被众多数学家看成第一个天才应用. 它最初的形式的主要

贡献者为洛瓦茨,后来成为其在 1999 年获得沃尔夫奖的主
要提名成果.洛瓦兹也是匈牙利人,中学就非常优秀,后来
在匈牙利担任数学教授,再后来任职于美国耶鲁大学和微
软公司.特别地,他担任过国际数学家联盟主席.

上述的 $R(p,q)$ 的上界和下界还有不少距离,即使对
$R(3,q)$ 而言,它们的上下界还差一个乘积因子 $\log q$. 文献
[16]证明了

$$R(3,q) \geqslant c\,\frac{q^2}{\log q},$$

其中 $c>0$ 是一个常数,这样我们知道 $R(3,q)$ 的阶是
$q^2/\log q$. 文献[16]的作者、韩裔美国数学家金正汉获得了
1997 年的富尔克森奖,该奖项被认为是离散数学的最高
奖.文献[3]再次证明了上面的这个结果.对当前这些已知
的结果,一般的看法是上界比下界要更接近于 $R(p,q)$ 的真
值.由于所知道确切值的 9 个(非平凡)拉姆塞数中,7 个是
$R(3,q)$,我们在表 5-1 中比较一下这些值和前面所述的
上界.

表 5-1 　　　　　　　 q 与 $R(3,q)$ 的阶的比较

q	$R(3,q)$	$q^2/\log q$	相对误差/%	q	$R(3,q)$	$q^2/\log q$	相对误差/%
3	6	8.2	36.5	8	28	30.8	9.9
4	9	11.5	28.2	9	36	36.9	2.4
5	14	15.5	11.0	10	40~13	43.4	
6	18	20.1	11.6	11	46~51	50.5	
7	23	25.2	9.5	12	52~59	57.9	

我们对表 5-1 略加说明. 要是不管 ε 的大小和正负, 我们总可以写出一个等式 $R(3,q)=(1+\varepsilon_n)q^2/\log q$, 这时 ε_n 与 n 相关. 表 5-1 中的相对误差就相当于 $|\varepsilon_n|$. 我们根据表 5-1 或许会猜想 $q^2/\log q$ 是 $R(3,q)$ 的渐近公式, 要证明这点就相当于要证明相对误差 ε_n 越来越接近于 0.

回顾一下 §1.3 高尔斯所说的有关我们在估计 $R(p,p)$ 的困境, 我们在估计 $R(p,q)$ 的时候, 是不是做得好一点呢?

§5.4　范德瓦尔登数

我们再来讨论范德瓦尔登数 $W(p,q)$, 它的定义是对于最小的正整数 N, 使得无论以何种方式把整数集合 $\{1,2,\cdots,N\}$ 划分成两个部分, 必定或者在第一个集合中有一个长为 p 的算术级数, 或者在第二个集合中有一个长为 q 的算术级数, 这里算术级数就是等差数列, 但我们都是指不平凡的即公差不是零的数列, 长度是指数列的项数. 对角的 $W(l,l)$ 就是我们在 §2.3 定义的 $W_2(l)$, 也记 $W(l)=W_2(l)$. 完全不像一眼看上去那样简单, 对范德瓦尔登数 $W(p,q)$ 的估值也不容易. 平凡的范德瓦尔登数是指 $W(1,q)=q$. 当 q 为偶数时, $W(2,q)=2q$. 当 q 为奇数时, $W(2,q)=2q-1$. 读者可以验证这几个公式以加深对定义的理解, 但要注意公差有不同情形.

为了书写方便,我们把 a^b 记成 $a \uparrow b$,因此 $a \uparrow b \uparrow c$ 就是 a^{b^c},它被说成是一个 3 层塔幂.注意计算从塔顶往下算,例如四层塔 $2 \uparrow 2 \uparrow 2 \uparrow 2$ 等于 2^{16} 而不是 16^2.高尔斯的论文 [12] 证明了

$$W(q,q) \leqslant 2 \uparrow 2 \uparrow 2 \uparrow 2 \uparrow 2 \uparrow (q+9).$$

这个上界是一个 6 层塔幂,即使当 $q=1$ 时,它也是一个天文数字,但这个上界是高尔斯在 1998 年获得菲尔兹奖的成果之一.它自然解决了第二章提到的葛立恒关于 $W(l)$ 不超过 2 的 l 层塔幂的猜想.高尔斯是第一个组合数学和图论领域的菲尔兹奖得主,他的博士指导教师是前面提到的波罗巴希.第三章介绍的谢拉赫的论文 [22] 给出的上界增长得更快.谢拉赫的这个结果,是他在 2001 年获得沃尔夫奖提名的成果之一,他和前面提到的阿龙,是在以色列本土工作的犹太数学家.阿龙是 2006 年国际数学家大会的程序委员会主席.至于第三章介绍了范德瓦尔登的证明,其给出的上界,在数学史上真正使用过的函数中,是增长最快的函数.

对于非对角的范德瓦尔登数的估计,我们以 $W(3,q)$ 为例,已经证明

$$c\left(\frac{q}{\log q}\right)^2 \leqslant W(3,q) \leqslant q^{dq^2},$$

这里 c,d 都是正的常数.注意后面的上界是三层的,比下界

大得多.这里的下界在文献[19]中,是下界 $W(p,q) \geqslant$ $c(\frac{q}{\log q})^{p-1}$ 的特例.上界在文献[5]中,作者 J. 鲍甘 (J. Bourgain)此前在 1994 年获得过菲尔兹奖,后来他还获得了 2010 年度的邵逸夫奖.

第三章介绍了塞梅雷迪的论文[24],其证明了只要整数集 A 的密度是正的,则必包含任意长的算术级数.他在证明中证明了一个称为正则引理的图论定理.大家知道,一般图难以由一个特征刻画,这是图论长期在经典数学之外的原因,也是图论研究的困难所在.塞梅雷迪出人意料找到了大图的一个一般刻画.正则引理现在已经成为图论中的一个重要工具.

正则引理的大致意思:给定误差 $\varepsilon > 0$,任何点数 n 很大的图总可以把它的点集分拆成一些子集,每个子集的点数至多差一,使得除了少数子集对外,其他子集对组成的二分图的局部边密度在给定误差 ε 范围内.

这个图的点数 n 要大到什么程度?塞梅雷迪给出的界是一个塔幂,高度为 ε^{-5},大得惊人.高尔斯的一项重要工作是把这个高度减少到"较为合理"的 $\varepsilon^{-1/16}$.

塞梅雷迪也是匈牙利出来的数学家,其研究的问题难度很大,且论文不易读懂,因此他的成果常常很久才得到重视.他上面的这项工作为后来高尔斯 1998 年和华裔数学家陶哲轩 2006 年获得菲尔兹奖的成果提供了基础.格林-陶哲轩(Green-Tao)的论文[14]证明了素数中有任意长的算术级数,这个结果不是塞梅雷迪结果的推论,因为素数没有正的密度.

数学奖项中,菲尔兹奖奖给不足 40 岁的年轻数学家,它是一个天才成果奖;沃尔夫奖的获奖者年龄要大些,它是一个终身成就奖.前面提到了华裔数学家陈省身获沃尔夫奖,陶哲轩获菲尔兹奖的工作,而华裔数学家丘成桐是双科奖牌得主.遗憾的是,迄今为止,尚无中国籍数学家获此殊荣.

数学的相互促进非常重要,一个重要的成果出现之前,作者都有过艰苦阅读文献的过程,在这个过程中,与别人合作必不可少.那种只要苦思冥想就可以出大成果的天才尚未出现.洛瓦茨的重要成果(局部引理)是和埃尔德什合作完成的[10],陶哲轩的重要成果(存在任意长的素数算术级数)是和格林合作完成的[14],且他们在正式发表的论文中都是第二作者.这没有妨碍他们被认为是主要贡献者而获得大奖.另外,高尔斯和陶哲轩获菲尔兹奖的主要论文[12][14]的正式发表日期都在获奖之后.

§5.5 构造性下界和波沙克猜想

本节我们讲述对角拉姆塞数 $R(k,k)$ 最好的构造性下界,这和形如 $a^k (a>1)$ 还有一些距离. 我们这里不用记号 $R(p,p)$,是把 p 留着用来表示素数. 构造性下界的研究带来的副产品之一是否定了一个有名的几何猜想,这个否定具有拉姆塞数理论上的意义;数量小时的情形可能是例外. 我们先介绍这个猜想. 第四章我们用 E^d 记 d 维欧氏空间,本章用 R^d 记 d 维欧氏空间,以强调每一分量(坐标)是实数,其中每一点就是一个有 d 个实分量的向量. 之所以称之为欧氏空间,是指其中任何两点 $x=(x_1,\cdots,x_d)$ 和 $y=(y_1,\cdots,y_d)$ 的距离定义为

$$d(x,y)=\sqrt{(x_1-y_1)^2+\cdots+(x_d-y_d)^2}.$$

设 S 是 R^d 的一个子集,S 的直径是其中任何两点距离的最大值或可以任意接近的最大值. 例如,单位球体的直径是 1,不包括球面的单位球体直径也是 1. 1933 年,K. 波沙克(K. Borsuk)猜想 R^d 中的任何集合可以分拆成 $d+1$ 个直径小些的集合. 这个猜想的否定是由于寻求对角拉姆塞数 $R(k,k)$ 的构造性下界而得到的.

我们前面的章节中已经或明或暗地接触到超图的概念:我们说 $H=(V,E)$ 是一个超图,是说 V 是一个点集,E 是 V 的一个子集族,其中每一个子集称为一条边. 超图被称为 t 一致的是指每一条边都含 t 个 V 的元素. 因此一致完全超图就是一个图. 分别用 $|V|$ 和 $|E|$ 表示点数和边数,当然 $|e|$ 就是表示 e 作为子集所含的点数. 下面的定理被称

为"奇镇定理",英文是 Oddtown-theorem,这里 odd 兼有"奇数"和"奇怪"双义.定理中超图的点集 V 可看成镇上的居民,他们热衷于组建俱乐部,超图的边就是俱乐部.小镇之"奇"在于他们组成俱乐部的法则:每个俱乐部的人数是奇数,任两个俱乐部共有的人数是偶数.

定理 5.5.1(奇镇定理) 设 $H=(V,E)$ 是一个超图,满足性质:每个 $|e|$ 都是奇数,且对任何不同的边 e 和 f,都有 $|e\cap f|$ 是偶数,则 $|E|\leqslant|V|$. □

另外有一类似的结果如下.

定理 5.5.2[费雪(Fisher)不等式] 设 $H=(V,E)$ 是一个超图,λ 是一个常数.若对任何不同的边 e 和 f,都有 $|e\cap f|=\lambda$,则 $|E|\leqslant|V|$. □

一个形如 $R(k,k)\geqslant ck^2$ 的构造性下界是平凡的,事实上,考虑 $k-1$ 个 K_{k-1} 就是了.下面的构造性下界当然不强,然而新颖,所以不平凡.

命题 5.5.1 当 $k\geqslant4$,有 $R(k,k)>\binom{k-1}{3}$.

证明 考虑一致完全超图 $K_{k-1}^{(3)}$,其点数是 $k-1$,边集由所有的 3 点的子集组成,共有 $n=\binom{k-1}{2}$ 条边.我们以每一条边作点构造一个完全图 K_n,这样给它的边着色:以 e 和 f 为端点的边的着色取决于 $|e\cap f|$:它是奇数就着红

色,否则着蓝色.一个红色的 K_k 超图中的 k 条边两两之交都是一个点,由费雪不等式知道这不可能,而由奇镇定理知道也没有蓝色的 K_k,证毕.　　　　　　　　　□

这让人看到了一线光亮,对黑暗中的人,这意味着生机.在奇镇定理中,我们使用了大家十分熟悉的奇偶概念,它相当于整数除 2 余数是 1 还是 0.要是由别的素数 p 来除,余数可能是 $0,1,\cdots,p-1$ 中的一个.这就可以建立有限域 F_p 的概念,F_p 还不是一般的有限域但却是最重要的有限域.我们在第一章证明 $R(3,3,3)>16$ 中实际用到了 F_2,不过为了减轻读者负担,那里的证明已经被"初等化"了.下面为了把结果交代清楚,我们使用余数的概念.设 L 是一个整数集合,p 是一个素数,s 是一个非负整数,要是其被 p 来除,余数在 L 中,我们就记此为 $s\in L(\mathrm{mod}\ p)$.

定理 5.5.3　设 p 是一个素数,L 是一个整数集合,$H=(V,E)$ 是一个超图.记 $n=|V|,l=|L|$.若超图满足:每个 $|e|\notin L(\mathrm{mod}\ p)$,且任何不同的边 e 和 f 都有 $|e\cap f|\in L(\mathrm{mod}\ p)$,则

$$|E|\leqslant\binom{n}{0}+\binom{n}{1}+\cdots+\binom{n}{l}\qquad\qquad\square$$

奇镇定理可以看成这个定理时的特例 $p=2,L=\{0\}$,不过此时定理 5.5.3 的结论是 $|E|\leqslant n+1$,稍差一点.可以在定理 5.5.3 里加上一致性条件而放弃一个条件,也不必

有一个素数 p 的参与.

定理 5.5.4 设 L 是一个整数集合,$H=(V,E)$ 是一个一致超图.记 $n=|V|$,$l=|L|$.若超图满足:任何不同的边 e 和 f 都有 $|e\cap f|\in L$,则

$$|E|\leqslant\binom{n}{0}+\binom{n}{1}+\cdots+\binom{n}{l}.$$

证明 设超图是 t 一致的.取素数 $p>t$ 和 $L'=L\setminus\{t\}$,由定理 5.5.3 得证. □

费雪不等式可以看成这个定理时的特例 $L=\{\lambda\}$,结论仍然稍微差一点.我们现在用定理 5.5.3 和 5.5.4 给出 $R(k,k)$ 的一个构造性的下界,结论可比命题 5.5.1 强多了.

命题 5.5.2 对任何素数 p,存在常数 $c=c_p>0$,使得只要 k 充分大就有

$$R(k,k)\geqslant ck^p.$$

证明 设 p 是一个任意给定的素数,取 $n>2p^2$,设 V 是一个 n 元集.记 $N=\binom{n}{p^2-1}$,定义一个 N 阶的完全图 K_N,它的点集为 $V^{(p^2-1)}$,就是说,V 的任一个 (p^2-1) 元的子集都是 K_N 的一个点.我们给 K_N 的边 $\{e,f\}$ 用红蓝着色,当且仅当 $|e\cap f|=p-1\pmod p$ 时着蓝色,就是说,当 $e\cap f$ 的点数被 p 除余数是 $p-1$ 时,连接 e 和 f 的边着蓝

色,否则着红色.

设 K_m 是一个红色的团. 取 $L=\{0,1,\cdots,p-2\}$. 任何 $|e|=p^2-1$ 除以 p 余数是 $p-1$, 不在 L 之中, 而对任何不同的 e 和 f, $|e\bigcap f|$ 总归不同于 $|e|$, 其除以 p 余数必在 L 之中. 这样由定理 5.5.3, 我们得到

$$m\leqslant \binom{n}{0}+\binom{n}{1}+\cdots+\binom{n}{p-1}<2\binom{n}{p-1}.$$

设 K_m 是一个蓝色的团. 取

$$L=\{0+(p-1),p+(p-1),\cdots,(p-2)p+p-1\}.$$

其中任何一边 $\{e,f\}$ 都有 $|e\bigcap f|=p-1(\bmod p)$, 故 $|e\bigcap f|\in L$, 从而由定理 5.5.4, 也有 $m<2\binom{n}{p-1}$. 对充分大的 n 取 $k=2\binom{n}{p-1}\cong\frac{2}{(p-1)!}n^{p-1}$, 则我们得到

$$R(k,k)>\binom{n}{p^2-1}\cong\frac{1}{(p^2-1)!}n^{p^2-1}=\frac{1}{(p^2-1)!}(n^{p-1})^{p+1}>ck^{p+1},$$

其中 $c=c_p>0$ 是一个常数. □

读者一定会想到取 $p=p(k)$ 随 k 增加而增加, 但有一个问题, 这时常数 c 会很快趋于零. 通过取合适的 $p=p(k)$, 可以得到对任何 $\varepsilon>0$, 当 k 充分大,

$$R(k,k)\geqslant k^{(1-\varepsilon)\omega(k)},$$

其中 $\omega(k)=\frac{\log k}{4\log\log k}$. 这个下界还(但不远)达不到 a^k,

$a>1$,我们可以通过取对数来比较.

一个点集是 V 的 t 一致的完全超图 $K_n^{(t)}$ 的边集就是 $V^{(t)}$,其中 $n=|V|$. 为方便起见,我们用 $H\subset K_n^{(t)}$ 来表示 H 是在点集 V 上的 t 一致超图. 完全一致超图 $K_{4p-1}^{(2p-1)}$ 的边数为

$$\binom{4p-1}{2p-1}\cong\frac{2^{4p-1}}{\sqrt{2\pi p}},$$

这里的渐近等式来自斯特林公式(我们在第一章已经使用):

$$n!\cong\sqrt{2\pi n}\left(\frac{n}{e}\right)^2.$$

下面的"禁忌交集定理"(omitted intersection theorem)说,在一致完全超图 $H\subset K_{4p-1}^{(2p-1)}$ 去掉一些边使两边之交集不是 $p-1$ 个点(别的都可以),则边的数目大幅度地减少.

定理 5.5.5 设 p 为素数,设 $H\subset K_{4p-1}^{(2p-1)}$ 是一个超图,没有两边之交为 $p-1$ 个点. 则 H 的边数少于

$$2\binom{4p-1}{p-1}<(1.7548)^{4p-1}.$$

证明 设 $L=\{0,1,\cdots,p-2\}$. 对任何边 e 有 $|e|=2p-1$,故 $|e|=p-1(\mathrm{mod}\ p)$,从而我们有 $|e|\notin L(\mathrm{mod}\ p)$. 对任何不同的两边 e,f,$|e\cap f|\neq p-1$,因此 $|e\cap f|$

$\in L(\bmod p)$.

这样超图满足定理 5.5.3 的条件,故 H 的边数至多为

$$\sum_{i=0}^{p-1}\binom{4p-1}{i}<2\binom{4p-1}{p-1}<(1.7548)^{4p-1},$$

最后一步我们使用了斯特林公式,证毕. □

回顾一下图 G 的独立点集是图中一些互不相连的点组成的集合,图 G 的独立数,记为 $\alpha(G)$,是最大独立集所含的点数.而图的色数,记为 $\chi(G)$,它就是最小的整数使得 G 可以分拆成 $\chi(G)$ 个独立集.这样当 G 的阶是 N 时,我们有

$$\alpha(G)\chi(G)\geqslant N.$$

使用定理 5.5.5,对一个大的素数 p,可以如下构造一个图 G_p,其点就是完全一致超图 $K_{4p-1}^{(2p-1)}$ 的边,两点相连当且仅当它们对应的超图边的交集恰好含 $p-1$ 个点.图 G_p 的阶就是 $N=\binom{4p-1}{2p-1}$.由定理 5.5.5 我们得到 $\alpha(G_p)<(1.7548)^{4p-1}$,从而

$$\chi(G_p)\geqslant\frac{N}{\alpha(G_p)}>\frac{\binom{4p-1}{2p-1}}{(1.7548)^{4p-1}}>(1.1397)^{4p-1},$$

最后一步我们又一次使用了斯特林公式. □

我们再回过来看看波沙克猜想. 记 $f(d)$ 为最小的整数使得 R^d 中的任何都可以分拆成 $d+1$ 个直径小些的集合. 波沙克猜想就是 $f(d) \leqslant d+1$. 这个猜想的一些情形, 特别是维数不大的情形都是正确的. 然而, 论文[15]证明了波沙克猜想在 d 很大时, 错得很厉害! 这篇论文只要三页, 真正的证明只有一页, 请欣赏.

定理 5.5.6 设 p 为素数, $d = \binom{4p-1}{2}$ 的时候, 有 $f(d) > 1.2^{\sqrt{d}}$.

证明 设 V 是一个集合 $|V| = 4p-1$, 考虑 V 上的一致完全超图 $K_{4p-1}^{(2p-1)}$, 现在构造一个超图 $K(d)$. 对任何不同的两点 $x, y \in V$, 我们用集合 $a_{xy} = \{x, y\}$ 作为 $K(d)$ 的一点, 这样也可以把 V 上的完全图的边看成 $K(d)$ 的点. 注意当 $x \neq y$, $a_{xy} = a_{yx}$, $K_{4p-1}^{(2p-1)}$ 的边集是 $V^{(2p-1)}$. 定义 $K(d)$ 的边集如下: 若 $e \in V^{(2p-1)}$, 我们得到 $K(d)$ 的一边 A_e 为

$$A_e = \{a_{xy} : x \in e, y \in V \backslash e\}.$$

就是说, A_e 是 V 的那些被 e 分裂开的点对. 注意 $V \backslash e$ 不是 $K_{4p-1}^{(2p-1)}$ 的边, 所以当 $e, f \in V^{(2p-1)}$, $A_e = A_f$ 当且仅当 $e = f$.

易知超图 $K(d)$ 的点数是 $d = \binom{4p-1}{2}$, 边数是 $N = \binom{4p-1}{2p-1}$, 它是 $2p(2p-1)$ 一致的. 我们把这些点和边编号

成 $v_1, v_2, \cdots, v_d$ 和 $e_1, e_2, \cdots, e_N$. 对任何 e_i, 我们可以定义一个向量为

$$W_i = (w_{i1}, w_{i2}, \cdots, w_{id}),$$

其中若 $v_j \in e_i$, 则 $w_{ij} = 1$, 否则 $w_{ij} = 0$. 由于 W_i 是一个有 d 个分量的向量, 可以看成 R^d 中一点的坐标, 我们由此得到一个 R^d 中的点集 $\Omega = \{W_1, W_2, \cdots, W_N\}$. 注意 W_i 的分量仅为 0 或 1, 且 1 的个数是 $2p(2p-1)$. 所以由欧氏距离的定义, 代表超图 $K(d)$ 的边 A_e, A_f 的点的距离就是

$$\sqrt{2[2p(2p-1) - |A_e \cap A_f|]}.$$

为求最大距离, 也就是 Ω 的直径, 只要求 $|A_e \cap A_f|$ 的最小值. 设这个最小值为 μ, 即

$$\mu = \min\{|A_e \cap A_f| : e, f \in V^{(2p-2)}\}.$$

下面我们证明: $\mu = |A_e \cap A_f|$ 当且仅当 $|e \cap f| = p-1$.

事实上, $|A_e \cap A_f|$ 是 V 中同时被 e, f 分开的点对数, 它仅依赖于 $|e \cap f|$. 设 $x = |e \cap f|$, 则 $0 \leqslant x \leqslant 2p-2$, 且 $\mu = \min_x\{x(x+1) + (2p-1-x)^2\}$. 括号中的二次式在 $p - 3/4$ 达到最小值. 我们因为要求 x 是整数, 所以最小值在 $x = p-1$ 取得.

这样, 把 Ω 分拆成直径小些的集合等价于把超图 $K(d)$ 的边集分拆成没有交为 $p-1$ 个元的子集, 分拆的个数至少是前面构造的图 G_p 的色数. 因此

$$f(d) \geqslant \chi(G_p) > (1.1397)^{4p-1} > (1.1397)^{4p-1} > (1.2)^{\sqrt{2}},$$

完成证明. □

欧氏空间点集命题的反例大都是很"怪"的,至少无穷多点. 这次的证明用的是一个有限点集(第一卦限中单位正立方体的部分顶点),它是用图论来完成的. 这是图论解决经典数学问题的一个范例,也是拉姆塞理论研究又一墙里开花墙外香的花朵.

一点说明:本章中所述的非对角的拉姆塞数 $R(p,q)$ 的上界和范德瓦尔登数 $W(p,q)$ 的下界,本书作者为参与者. 和对应的另一个界相比,我们的成果难度较小,但我们已经是尽力而为. 我们期待更好的成果出自本书的读者.

参考文献

[1]Ajtai M，Komlós J，Szemerédi E. A note on Ramsey numbers[J]. J. Combin. Theory Ser A，1980，29(3)：354-360.

[2]Alon N，Spencer J. The Probabilistic Method[M]. 3rd ed. New York：Wiley-Interscience，2008.

[3]Bohman T. The triangle-free process[J]. Advances Math，2009，221：1653-1677.

[4]Bollobás B. Random Graphs[M]. 2nd ed. Combridge University Press，2001.

[5]Bourgain J. On triples in arithmetic progression[J]. Geom Funct Anal，1999，9：968-984.

[6]Chung F，Graham R. Erdös on Graphs-His Legacy of Unsolved Problems[M]. Peters，1999.

[7]Chung F,Graham R,Wilson R. Quasi-random graphs [J]. Combinatoria,1989,22:345-362.

[8]Conlon D. A new upper bound for diagonal Ramsey numbers[J]. Ann Math,2009,170 :941-960.

[9]Erdös P. Some remarks on the theory of graphs[J]. Bull Amer Math Soc, 1947,53:292-294.

[10]Erdös P,Lovász L. Problems and results on 3-chromatic hypergraphs and some related questions, in Infinite and Finite Sets(A Hajnal ed). North-Holland, Amsterdam, 609-628.

[11]Erdös P,Rényi A. On the evolution of random graphs [J]. Publ Math Inst Hungar Acad Sci, 1960,5:17-61.

[12]Gowers G T. A new proof of Szemerédi's theorem [J]. Geom Funct Anal,2001,11:465-588.

[13]Graham R,Rothschild B,Spencer J. Ramsey Theory [M]. Wiley and Sons,1990.

[14]Green B,Tao T. The primes contains arbitarily long arithmetic progression[J]. Ann Math,2008,167:481-547.

[15]Kahn J,Kalai G. A counterexample to Borsuk's conjecture[J]. Bull Amer Math Soc,1993,29 :60-62.

[16]Kim J. The Ramsey number $R(3,t)$ has order of magnitude $t^2/\log t$[J]. Random Struct Algor,1995,7:173-207.

[17]Li Y,Rousseau C. On book-complete Ramsey numbers[J].J. Combin. Theory Ser B,1996,68: 36-44.

[18]Li Y,Rousseau C,Zang W. Asymptotic upper bounds for Ramsey functions[J]. Graphs Combin,2001,17: 123-128.

[19]Li Y,Shu J. A lower bound for off-diagonal van der Waerden numbers [J]. Advances Applied Math. , 2010,44:243-247.

[20]Ramsey F. On a problem of formal logic[J]. Proc London Math Soc,1930,48:264-286.

[21]ShearerJ. A note on independence number of triangle-free graphs[J]. Discrete Math, 1983,46:83-87.

[22] Shelah S. Primitive recursive bounds for van der Waerden numbers[J].J. Amer. Math. Soc. ,1988, 1:683-697.

[23]Spencer J. Asymptotic lower bounds for Ramsey functios[J]. Discrete Math,1977,20:69-76.

[24]Szemerédi E. On sets of integers containing no k ele-

ments in arithmetic progression[J]. Acta Arith,1975,
27:199-245.

[25]van der Waerden B L. Beweis einer Baudetschen Ver-
mutung[J]. Nieuw Arch Wiskd,1927,15:257-271.

[26]许晓东,梁美莲,罗海鹏. Ramsey Theory, Unsolved
Problems and Results [M]. De Gruyter,
Berlin,2018.

附录　拉姆塞、埃尔德什、葛立恒其人其事

　　很多杰出的数学家为拉姆塞理论的诞生和发展做出了重要贡献,这里我们简单介绍其中最主要的三位.他们都堪称当代杰出的科学家,值得介绍.

　　第一位当然是弗朗克·普鲁姆泼顿·拉姆塞.他堪称旷世奇才,可惜世人对他所知甚少.这里全文译出了刊登在《图论杂志》(*J. of Graph Theory*)1983 年 7 卷 1 期——这期是纪念拉姆塞九十诞辰的专刊——的一篇全面地概要介绍拉姆塞的生平和贡献的短文,作者梅乐是拉姆塞的论文选集的编者,对拉姆塞有很好的了解.

　　另外两位是埃尔德什和葛立恒.埃尔德什是数学界的一位传奇人物,他的警句轶闻流传很广.《数学译林》1990年 9 卷 1 期刊登了一篇介绍他的译文,题目为"一心迷恋于数的学者,保尔·埃尔德什必定是世界上最多产的,然而或

许又是最怪僻的数学家."该文在不少地方写到葛立恒,也几次论及拉姆塞理论.所以我们以此文为基础,参考其他材料并联系拉姆塞理论为这两位在现实生活中关系极其密切的杰出数学家勾画了几幅纪实性的速写.其中也许有关葛立恒的画面少些,但他来日方长,相信今后会有更传神的专门介绍.①

名冠理论的 F. P. 拉姆塞

(D. H. 梅勒,英国剑桥大学)

本刊②的读者都知道 F. P. 拉姆塞是以他的名字命名的拉姆塞数和拉姆塞理论的发现者和奠基人,但也许仅此而已.可是他的其他成就,其中有些同样是用他的名字来命名的,也并不逊色,而且其涉及范围之广更引人注目:逻辑学、数学基础、经济学、概率论、判定理论、认知心理学、语义学、科学方法论以及形而上学.最不寻常的是他在如此短促的一生中做出了这么多开创性的工作——他在 1930 年因黄疸病去世时年仅 26 岁.我相信对这位非常人物的生平和工作即便做一很简略的概述也会引起

---

① 已有的材料还有《数学人物》(*Mathematical People*,Birkhäuser, Boston, 1985,p. 109-118)刊载的对葛立恒的一篇专访.他曾担任美国数学会主席和美国贝尔实验室离散数学方面部门的负责人.

② 指刊载本文的《图论杂志》.

那些仍在钻研他的天才成果的人们的兴趣，故撰写此短文.

拉姆塞出身于一个杰出的剑桥家庭. 他的父亲 A. S. 拉姆塞也是数学家，并曾经担任麦格达林（Magdalene）学院院长；他的弟弟迈克尔担任过坎特伯雷大主教. 拉姆塞是无神论者，但兄弟俩一直很亲近. 年青的弗朗克早在进三一学院攻读数学之前就通过家庭和麦格达林学院接触到剑桥大学的一群卓越的思想家：著名的贝尔特兰德·罗素（Bertrand Russell）和他的哲学同事 G. E. 摩尔（G. E. Moore）和路特维希·维特根斯坦（Ludwig Wittegenstein）以及经济学家和概率的哲学理论家约翰·梅纳德·凯因斯（John Maynard Keynes），他们激发了拉姆塞以后的志趣.

罗素和维特根斯坦给予拉姆塞早期研究形而上学、逻辑学和数学哲学等学科的原动力. 在 1925 年，也就是拉姆塞作为剑桥大学的数学拔尖学生毕业后两年，他写出了论文《数学的基础》. 此文通过消除其主要缺陷来为罗素的《数学原理》把数学化归成逻辑做辩护. 例如，论文简化了罗素的使人难以置信地复杂的类型理论；通过要求它们也是在维特根斯坦的《逻辑哲学论》意义下的同义反复，把罗素关于数学命题的弱定义加强成为纯一般的定义. 尽管逻辑学家对数学的这种化归从此不受数学家的欢迎，但它近来却得到了有力的辩护,而拉姆塞对很多事情有先见之明的记录也使得认为他的逻辑主义已被宣告埋葬的说法现在看来过于轻率了.

凯因斯对拉姆塞的影响使他从事概率论和经济学这两门学科的研究.凯因斯在1921年出版的《论概率》一书至今仍有影响,该书把概率当作从演绎逻辑(确定性推断的逻辑)到归纳逻辑(合理的非确定性推断的逻辑)的一种推广.它诉诸一种所谓"部分继承"的根本逻辑关系,在可以度量时,后者用概率来说明从两个相关的命题中的一个推出另一个的推断有多强.拉姆塞对这个理论的批评是如此有效,以致凯因斯本人也放弃了它,尽管后来它又重现于R.卡尔纳普(R. Carnap)和其他人的工作中.拉姆塞在其1926年的论文《真理与概率》中提出了自己的理论,这种理论指出如何用赌博行为来度量人们的期望(主观概率)和需要(效用),从而为主观概率和贝叶斯决策的近代理论奠定了基础.

尽管拉姆塞摧垮了他的《论概率》,凯因斯仍然使拉姆塞成为剑桥皇家学院的研究员,并鼓励他研究经济学中的问题,当时拉姆塞21岁,正当成熟期.其结果是拉姆塞完成了论文《对征税理论的一点贡献》和《储蓄的一种数学理论》,分别发表在1927年和1928年的《经济学杂志》(*The Economic Journal*)上.在凯因斯撰写的对拉姆塞的讣告中,凯因斯把这两项工作赞誉为"数学经济学所取得的最杰出的成就之一".从1960年以来,这两篇论文的每一篇都发展成为经济学理论的繁荣分支:最优征税和最优积累.

值得指出的是,这些经济学论文和拉姆塞的几乎所有工作一样,发表后几十年才被人了解并得到进一步发展.其部分原因在于拉姆塞的工作都是高度独创性的,从而难以被理解.而且,拉姆塞的非常质朴明快的散文体也倾向于掩藏其思想的深刻和精确.他的文章不爱用行话,不矫揉造作,以致使人在试图自己去思索其所说内容之前往往低估了它.此外,拉姆塞不爱争论.正如他早年的教师和后来成为朋友的评论家和诗人 I. A. 李查兹(I. A. Richards)在关于拉姆塞的无线电广播节目中所说:"他从来不想引人注意,丝毫没有突出自己的表现.非常平易近人,而且几乎从不参加争辩性的对话,……我想,他在自己的心里觉得事情非常清楚,没必要去驳倒别人."他的妻子和还在世的朋友都确认这种说法符合实际情况.所以在他去世后的几十年中,一些光辉夺人的强手的名声遮盖了他,并且分散了人们对其工作的注意也就不足为怪了.

上述现象肯定发生在哲学方面,在20世纪30年代和40年代,维特根斯坦处于剑桥哲学界的支配地位,所以拉姆塞的大部分哲学工作没有直接引起注意,而直到后来通过他的主要著作的影响才重新——主要在美国——被

发现．这篇著作是由拉姆塞的朋友 R. B. 勃雷特怀脱
(R. B. Braitwait)——现在是剑桥大学的 Knightbridge 荣
誉教授——在 1931 年整理出版的．正如勃雷特怀脱在该书
前言中所说，哲学即使不是拉姆塞的专业，也是他的"天职
(vocation)"．这里不可能来总结他的哲学成果，更不用说
这些成果在现今的影响和分支情况了．为了对拉姆塞类型
的实用主义哲学的现况有所了解，可参看为悼念他逝世五
十周年而编写的文集中的论文．下面用两个例子来说明拉
姆塞的哲学思想的惊人的独创性和深刻的质朴性．

　　第一个例子是拉姆塞关于真理的理论，它后来被称作
"冗余理论"．比拉多(Pilate)①的大名鼎鼎的问题"真理是
什么？"——把一种信念或断言叫作真是什么意思？——是
哲学中最古老和令人困惑的问题之一．在关于实用主义语
义学的论文"事实和命题"中，拉姆塞用二页文字廓清了这
一问题．他写道："显然，说'凯撒被谋杀'是真，无非是说凯
撒被谋杀．"认为别人的信念是真就是觉得自己也有这种信
念；所以，正如拉姆塞所说，并没有单独的真理问题，要问的
问题是"信念是什么？"：信念和其他态度，如希望和忧虑，一
般有什么不同；一个具体的信念和另一个又有什么区别．不

---

　　① 公元一世纪罗马帝国驻犹太的总督．据《新约全书》记载，耶稣由他判决钉
死在十字架上．——译注．

过直到最近,大多数哲学家才从比拉多的问题中解脱出来,并开始循拉姆塞所明白无误地概述的想法去解决真正的问题.

第二个例子是在他死后发表的"理论"一文中,拉姆塞惊人地预见到之后很久才出现的关于科学地建立起理论的思想.他比大部分同代人早得多地注意到,以可观察或可操作(operational)的方式定义理论实体(比如基本粒子)无助于理解所发展的理论实际上如何用于新现象及其解释.拉姆塞说,理论的谓词实际上可当作存在量词的变元那样来处理——对理论的这种表述现在因此得名为"拉姆塞语句".所以理论的各部分不能通过自身来推断或评价其真伪,因为它们含有约束变元:正如拉姆塞所写的那样,"对于我们的理论,我们必须考虑我们可能会添加些什么,或者希望添加些什么,并考虑理论是否一定与所加的内容相符".因此,对立的理论也就可能对其理论性概念给出它们似乎具有的完全不同的含义,比如像牛顿理论的物质和相对论的物质,所以把对立的理论说成"无公度"比说成"不相容"更为恰当.用拉姆塞的话来说:"对立理论的追随者可以充分地争辩,尽管每一方都无法肯定另一方所否认的任何东西".大约从1960年开始,很多有关科学的方法论和历史学的文献所论及的正是关于在科学的发展中比较和评价理论的问题;不过对于为什么会产生这类问题,至今还没有比拉姆塞更好的阐述.

考虑到拉姆塞在逻辑学、哲学和经济学上所做的相对来说大量的工作,读者得知事实上无论从他所从事的职业和所受的训练来说都是一位数学家时,也许会觉得意外.他在 1926 年成为剑桥大学数学讲师,并一直任职到四年后去世.不过使人奇怪的不是他为什么去做那个使他在数学上成名的工作,因为他在剑桥的数学学院主要讲授数学基础而不是数学本身,倒是他的著名数学定理与论文内容相当不协调,而且这篇论文本身现在看来颇有讽刺意味.

拉姆塞是在一篇共 20 页的论文"论形式逻辑的一个问题"的前 8 页证明他的定理的,这篇论文解决了带同异性的一阶谓词演算的判定问题的一种特殊情形.有讽刺意味的是,尽管拉姆塞用他的定理来帮助解决这个问题,但事实上后者却可以不用这个定理而得到解决;再者,拉姆塞把解决这一特殊情形仅仅作为促成解决一般判定问题的一点贡献,而在拉姆塞去世后一年,K. 哥德尔(K. Gödel,1906—1978)证明了解决一般判定问题的目标事实上是不可企及的.所以,拉姆塞在数学——这是他的职业——上的不朽名声乃是基于他并不需要的一个定理,而这个定理又是在试图去完成现已得知无法完成的任务的过程中证明的!

我们无法断言拉姆塞对哥德尔的结果会做出什么反应,但他未能亲眼见到并进而开发哥德尔的结果无疑是他英年夭亡悲剧的一个重要一幕. 正如勃雷特怀脱在前文提及的广播节目中所说:"哥德尔的论文使得数理逻辑在事实上成为一门专门学问和一个特殊而又活跃的数学分支."他又补充说:"这将会使拉姆塞非常激动,以致他也可能在这个领域驰骋十年."考虑到自从拉姆塞提出 8 页数学论文以来的情况,我们只能推测我们的损失是何等巨大.

(参考文献从略)

(李乔译,袁向东校.《数学译林》,1992 年 10 卷 2 期.)

从梅勒的这篇短文我们感觉到拉姆塞确实是科学奇才.但他绝不是一个怪人.下面我们再摘录拉姆塞本人在 1925 年的一段自白,这段文字反映了他的热情洋溢的世界观.

——和我的一些朋友不同,我不看重有形的大小.面对浩浩太空我丝毫不感到卑微.星球可以很大,但它们不能想或爱,而这些对我来说远比有形的大小更加使人感动.我的大约有 238 磅的体重并没给我带来声誉.

我的世界图景是一幅透视图,而不是按比例的模型.最受注意的前景处是人类,星球都像三便士的小钱币.我不大相信天文学,只把它看作关于人类(可能包括动物)感知的部分过程的一种复杂的描述,我的透视图不仅适用于空间,而且也适用于时间,地球迟早要冷寂,万物也将死去;但这是很久以后的事,几乎毫无现时价值,并不会因一切终将死寂而使现时失去意义.我发觉遍布于前景的人类很有意思,而且从总体上看也值得赞赏,我觉得至少在此时此刻,地球是愉快和动人的地方.

——拉姆塞,1925.

保尔·埃尔德什和罗纳德·葛立恒

埃尔德什生前是当代数学界的传奇人物,曾获 1983/1984 年度沃尔夫奖,1996 年 9 月 20 日故去,享年 83 岁.他已发表了一千多篇论文,篇篇都是力作,其中很多具有里程碑式的意义.单在 1986 年一年就发表了 50 篇论文,超过不少优秀数学家一生的著述.英国数学家 G. H. 哈代(G. H. Hardy,1877—1947)曾经写道:"数学是年轻人的玩意儿."埃尔德什是说明这一断言并不总成立的活见证.

埃尔德什发表的大量论文中不少是和其他人联名发表的,因此在数学界流传着一个有趣的概念:埃尔德什数.埃尔德什本人具有埃尔德什数 0;对正整数 k 来说,与埃尔德什数为 $k-1$ 的人联名发表过论文的人具有埃尔德什数 k.目前已知埃尔德什数为 1 的人数超过 250,最大的埃尔德什数是 7,爱因斯坦的埃尔德什数是 7,而高斯是否有埃尔德什数则不得而知. 在高斯时代, 联名发表论文的情况不多, 高斯也极少与人合写论文.

埃尔德什在对美妙的数学问题和新奇的数学技巧的永无止境的追求中, 以疯狂的节奏奔波于全球四大洲的一个又一个大学或研究中心. 他的行动方式是这样的: 登上一位受人尊敬的数学家的大门, 宣布"我的大脑敞开着", 接着就和东道主一起工作一两天, 直到他自己厌烦了或主人已筋疲力尽, 这才转移到另一个地方去, 埃尔德什的一个座右铭是"另一个房顶, 另一个证明". 他很早就搞数学了, 但自从 1971 年他母亲病故后, 他得靠 10 到 20 毫克安非他明①或浓咖啡、咖啡因片来提神, 并每天坚持工作 19 小时. 他喜欢说"数学家是一台把咖啡转变成定理的机器."每当朋友们劝他放慢工作节奏, 他总是千篇一律地回答:"在墓穴里有充裕的时间休息."

埃尔德什是个数学神童. 他于 1913 年生于布达佩斯, 父母都是中学数学教师. 他母亲生他时, 她的 3 岁和 5 岁的两个女儿在当天因患败血性猩红热去世. 后来, 他母亲怕他染上传染病而不让他上学. 上中学前, 他一直待在家里, 即使进了中学, 也是上一年停一年的, 埃尔德什的数学才能很早就显露出来了, 4 岁时他发现了负数, 他回忆道:"我告诉

---

① 一种抗忧郁、疲劳的药, 有兴奋作用.

母亲,如果你从一百里取出二百五十,就得到负一百五十."

埃尔德什 17 岁进入布达佩斯的巴兹马尼·彼得大学数学系,在上一年级时他给出了契比雪夫定理(在 n 与 $2n$ 间必有素数的结论)的一个漂亮的初等证明,在大学期间,他和另一些年青的未来数学家,像本书提到过的托兰、塞克尔斯等经常在一起热烈地讨论数学.1934 年毕业后到英国曼彻斯特读研究生并取得博士学位,之后由于纳粹开始肆虐欧洲,不得不于 1938 年赴美.1954 年他去阿姆斯特丹参加一个国际数学会议,那时美国正值麦卡锡时代,拒绝给他回美国的签证.于是埃尔德什多年居住在祖国匈牙利和以色列,直到 20 世纪 60 年代才同意他返美.1964 年起,他和 84 岁的老母开始了旅行生涯,其后 7 年间,母子俩浪迹四方,每到一地,他搞数学,她静静地坐在那里与他分享创造的乐趣,他们在一起吃饭,夜里他握住她的手,直到她沉入梦乡.1971 年,埃尔德什在加拿大卡尔加里讲学时他的老母不幸病故,此后埃尔德什开始带着一大堆药片生活,先是抗抑郁剂,接着是安非他明.埃尔德什回忆说:"我很消沉,老友托兰提醒我,'数学是座坚强的堡垒.'"埃尔德什诚挚地接受了这个忠告,开始实施每天工作 19 小时,用心血写出一篇篇改变数学历史进程的论文.

有关埃尔德什的妙言隽语和生动的故事不可胜数,下面仅举几个广为流传的代表.

　　(1)埃尔德什给数学家这一概念下的定义是:在上一周中做了某些新研究的人.在一次集会上,一位法国数学家向埃尔德什问起一位英国数学家时,埃尔德什回答说这个可怜的人已在两年前去世了,在场的另一位法国人马上说不对,我上个月还在罗马见到此人.埃尔德什解释说:"哦,我的意思是说他已经有两年没有做任何新的数学了."

　　(2)1939年埃尔德什参加了普林斯顿的一次讲演会,主讲人是数学物理学家马克·卡兹(Marc Kac).后者在自传中写道:"在我演讲的大部分时间里,埃尔德什在打瞌睡,讲演的主题离开他的兴趣太远,在接近报告结束时,我简单地说了说处理素因数时遇到的困难,这下提到了数论,埃尔德什神气起来,要求我解释一遍困难所在.过了一会,在演讲结束前,他打断了我的话,宣布问题解决了!"

　　(3)自1967年以来就和埃尔德什共事的几何学家乔治·普迪(George Purdy)回忆道:"1976年,我们在得克萨斯州的农业机械学院的数学休息室里喝咖啡,黑板上有一个泛函分析问题.对这个领域埃尔德什知之甚少.我碰巧知道有两位分析学家刚给出这个问题长达30页的解答,他们颇为自豪.埃尔德什盯着黑板问:'那是什么? 是个难题吗?'我说是的.他走到黑板前,眯缝着眼看了看扼要写下的陈述,询问了几个符号的含义,然后毫不费力地写下一个仅有两行的解答.如果那不是魔术,还有什么可称得上是魔术呢?"

(4)埃尔德什说:"我没有资格断言上帝是否存在.我不太相信上帝的存在.然而,我总是讲 SF① 有一本超限的'圣经',超限是数学上比可数无限还要大的一个概念.这本'圣经'里包含所有数学真理连同其第一流的完美无瑕的证明."埃尔德什能给一个同事工作的最高评价是"它直接来自'圣经'".斯宾塞说:"我曾在一次讲演中介绍过埃尔德什,我是从他关于上帝和'圣经'的看法开头的.他打断了我,'你们不必相信上帝,应当相信圣经'.他使我和其他数学家认识到我们所做的工作的重要性,数学就在那里,它是美的,我们找到的就是这块宝石."

尽管埃尔德什对自己的数学技艺充满信心,但是超出数学世界的范围,他几乎是个一窍不通的人.自从他母亲死后,照料他的责任主要由葛立恒担当.他照料埃尔德什的时间,跟他管理贝尔实验室的 70 位数学家、统计学家、计算机科学家的时间一样多,当 SF"窃取"了埃尔德什的护照时,是葛立恒去找华盛顿当局交涉.葛立恒也经管理埃尔德什的钱财,由于对埃尔德什讲演的酬谢来自四大洲,葛立恒被迫逐渐谙熟了货币的兑换率,他说:"我在支票上签上他的

---

① SF 是 Supreme Fascist 的缩写,意思是至高无上的法西斯主义者.埃尔德什用来表示一个无处不在的头号人物,也就是上帝的谑称.

名字,支付款项.很久以来一直是我做这件事;假如他亲手签付支票的话,恐怕银行未必会付现钱.""既然他没有家,就靠我保存他的论文.他总是委托我给这个人或那个人寄发一些论文."葛立恒还处理埃尔德什的所有来函,这副担子并不轻,因为埃尔德什的很多数学伙伴通过邮件跟他联系.单单1986年,埃尔德什发出了1500封信,这些信全都是三句话不离数学本行.一封典型的信是这样开头的:"我在澳大利亚,明天去匈牙利,设 k 是最大的整数,……"

葛立恒在新泽西州扩建了住所,以便埃尔德什每年在这里的30天左右时间里,有自己的卧室和藏书室,埃尔德什喜欢和葛立恒为伴,因为这个家里有位二号数学强手,葛立恒的妻子金芳蓉(Fan Chung,著名华裔组合学家,美国艺术与科学院院士),在贝尔实验室的附属机构——专为地方电话公司从事研究工作的贝尔通讯研究所任数学指导.在葛立恒不跟埃尔德什讨论问题时,她乐意补缺,她已与埃尔德什联名发表了十多篇论文.

葛立恒和埃尔德什看上去难以合拍.埃尔德什身高约1.7米,形容枯槁,面色灰白,犹如一位病人,显得虚弱而憔悴,而葛立恒身高1.89米,亚麻色头发,蓝眼睛,轮廓清秀,看上去比实际年龄至少要年轻十岁.尽管葛立恒是世界一流的数学家,美国国家科学院院士,但他并不像埃尔德什那样过度用脑,毫不顾惜身体.他玩起蹦床来颇有造诣,他让自己以一个杂技演员的面目出现于学府. 他能同时耍 6 个球,是国际杂技协会的前任主席,他精于玩滚木球、掷飞去来器;打网球和乒乓球就更有一手了. 埃尔德什能一坐几个小时,而葛立恒总是动个不停. 在解答数学问题的间隙,他会两手支撑着倒立,或者随便抓住什么东西玩起杂耍,或者在他特意放在办公室里的弹簧单高跷上跳上跳下. 葛立恒说:"任何地方都能从事数学研究,我曾经在蹦床上做后翻三周的过程中突然领悟了一个棘手的难题." 除了在数学和杂技上身手不凡外,葛立恒尚有余暇学中文、弹钢琴. 无论他夫人还是同事都不明白他何以能如此. 葛立恒本人说:"这并不难,每个星期都有 168 小时."

葛立恒的一个同僚说:"把他的定理和空翻两周的筋斗数加在一起考虑,他无疑创造了纪录." 事实上,他也确实拥有一项独特的世界纪录①.《吉尼斯世界纪录大全》列举了他在一个数学证明中使用了的最大数字. 这个数字大得难以想象. 数学家常常试图用比喻来暗示一个大的数量,如把它比拟为宇宙中原子的总数、撒哈拉大沙漠中沙粒的数目. 对葛立恒的这个数找不出这种物质的类似物,甚至无法用熟悉的数学记号来表达.

埃尔德什是拉姆塞理论的主要开拓者之一,而这个颇具

---

① 请参看 §4.5 的说明.

哲理的理论也是葛立恒的主要兴趣所在,那个创纪录的大数就出自他对拉姆塞理论的研究,他甚至用 RAMSEY 这个名字做他的汽车牌照①. 作为拉姆塞理论的基础的哲学思想,正如已故美国数学家莫兹金所说的一句格言概括的那样:完全的无序是不可能的.无序现象实际上是一个标度问题,如果在足够大的范围里探索,就能发现数学上的任何对象.葛立恒说:"在电影连续剧《宇宙》中,卡尔·沙岗在并不了解它是什么的情况下使用了拉姆塞理论.沙岗说:人们经常仰望天空,看到譬如像 8 颗星星几乎在一直线上这种现象.根据星星排成一列,你或许以为这些星星是为了星际贸易通道的需要而被人为地放置在这里作为路标的.'对了',沙岗说,'如果你注视着足够大的一群星,那么你几乎能看到你希望看到的任何东西'.那就是实际中的拉姆塞理论."

就沙岗的例子而论,数学家可能想知道任何包含排成一列的 8 颗星的星群中最小的那个.一般说来,拉姆塞理论家探求必定包含某一对象的最小"天地",假如所考虑的对象不是排成一列的 8 颗星,而是同性别的两个人.在这种情况下显然可以知道能够包括两个同性别的人群中最少要有几个人:3 个.

经典的拉姆塞理论可以用聚会问题来说明:最少需要

① 在美国,车主可自选一个车牌标记.

几位客人才能保证或者其中至少有 3 位客人彼此相识或者
至少有 3 位客人彼此不相识？我们已经知道答案是 6 个，
如果我们不像以前所讲的那样来证明这个结论而试图通过
蛮干来解决：先列举出在 6 个人之间的所有可以想象到的
各种相识关系——共有 32768 种可能情况——再逐一检查
每种情况是否出现所期望的关系，那就不能使人领悟实质．
假设我们要求聚会中有某 4 个人彼此相识或互不认识，此
时聚会最少要有多少人参加呢？拉姆塞理论家能证明答案
是 18 人．然而当赌注再提高到某 5 个人，就没有人知道最
少需要多少客人光临了．现在只知道这个数目在 43 和 49
之间，这个上界 49 还是在数学论证的基础上借助于计算机
的大量检验后才于 1996 年才得到的结果．葛立恒猜想至少
100 年内发现不了准确的结果．考虑某 6 人的情况更令人
泄气．埃尔德什喜欢讲一个邪恶的外星人的故事．这个外星
人能向你问它想要问的任何事，如果你答错了，它就要毁灭
人类．故事说："假定它决意问你关于聚会问题中对某 5 个
人情况的准确答案，我想你最好的策略是集中全世界所有
的计算机，中止它们正在做的工作，为这个问题开机经大量
检验找到答案．但如果外星人问到某 6 个人的情况，你的活
命上策是在它攻击你之前先下手为强．因为即使对计算机
来说，可能出现的情况也太多了．"

葛立恒的那个创纪录的数来源于另一个类似的问题：

任取几人,并列举能够由这几人组成的各种人数的委员会. 葛立恒想要发现的"对象"是这样的 4 个委员会,它们能分成两组,每组都有两个委员会,而且每个人在两个组中担任其下属委员会成员的数目相等.试问需要多少人才能保证出现这样的 4 个委员会! 葛立恒猜想答案可能是 6 人,但是他和其他数学家所能证明的仅是在人数等于他的创纪录的数时才能保证总存在这样的 4 个委员会! 在根据具体情况的观察所得到的猜测与能证明的结果之间存在着这种令人惊讶的距离,它显示了拉姆塞理论是多么难以对付.

埃尔德什说:"在某种程度上,数学乃是人类从事的唯一一种永恒的活动.可以想象人类最终能认识物理学或生物学的一切.但是人类永远不能发现数学的一切.因为数学是无限广大的,数本身就是无穷的.这就是数学何以真成为我唯一的兴趣所在的原因."用他惯用的语调来说,就是你可能重现 SF 的"圣经"中的某些章节,但是只有 SF 完整地拥有这本书.埃尔德什又补充说:"需要过上百万年,我们才会得到一些认识,甚至那时也不能达到完全的认识,因为我们面对的是无限."

葛立恒对人类面对无限的说法更具体、也更生动:"了解整数的困难在于我们仅检查了小的数,或许所有令人振奋的本质反映在真正的大数中;对这些大数我们无从下手,甚至不能按照某种确定的方式开始对它们进行思考.因此可能所有的行动实际上是难以实现的,而我们只是到处瞎忙一气.我们的头脑已经进化到能避雨,发现浆果,避免遭到意外的伤害.但我们的头脑并没有发达到能帮助我们真正掌握大的数或者在一个十万维空间里考虑问题.我能想象一种生物,他在另一个星系里,是一种孩子气的生物,他正和伙伴们做游戏.没多久,他玩腻了.于是他碰巧想到了数,素数,关于孪生素数猜想的一个简单证明,或许还有更多的东西,后来他又觉得乏味了,再次玩起他的游戏."

作为一种哲学风味浓郁的数学理论,拉姆塞理论也和一些实际问题(例如一些通信频道问题)有关.这个理论被葛立恒所钟爱,他既为贝尔实验室离散数学部的负责人,又是一个解决实际问题的能手.他具有把现实世界的问题翻译、提炼成数学问题并予以解决的罕见才能.他对数学的总的看法和埃尔德什可谓英雄所见略同.他认为:"数学是人类精神的一种创造物还是客观实在?我相信后者,它过去一直在那儿,当我们都不在人世时它仍在那儿.我们的工作是发现,而不是创造.但发现的活动是一种创造的过程."他以黎曼几何与爱因斯坦的广义相对论为例说明这种看法.他的结论是:"按照我的观点,在某种意义上说,数学是基本的现实."

数学高端科普出版书目

数学家思想文库	
书　名	作　者
创造自主的数学研究	华罗庚著;李文林编订
做好的数学	陈省身著;张奠宙,王善平编
埃尔朗根纲领——关于现代几何学研究的比较考察	[德]F.克莱因著;何绍庚,郭书春译
我是怎么成为数学家的	[俄]柯尔莫戈洛夫著;姚芳,刘岩瑜,吴帆编译
诗魂数学家的沉思——赫尔曼·外尔论数学文化	[德]赫尔曼·外尔著;袁向东等编译
数学问题——希尔伯特在1900年国际数学家大会上的演讲	[德]D.希尔伯特著;李文林,袁向东编译
数学在科学和社会中的作用	[美]冯·诺伊曼著;程钊,王丽霞,杨静编译
一个数学家的辩白	[英]G.H.哈代著;李文林,戴宗铎,高嵘编译
数学的统一性——阿蒂亚的数学观	[英]M.F.阿蒂亚著;袁向东等编译
数学的建筑	[法]布尔巴基著;胡作玄编译
数学科学文化理念传播丛书·第一辑	
书　名	作　者
数学的本性	[美]莫里兹编著;朱剑英编译
无穷的玩艺——数学的探索与旅行	[匈]罗兹·佩特著;朱梧槚,袁相碗,郑毓信译
康托尔的无穷的数学和哲学	[美]周·道本著;郑毓信,刘晓力编译
数学领域中的发明心理学	[法]阿达玛著;陈植荫,肖奚安译
混沌与均衡纵横谈	梁美灵,王则柯著
数学方法溯源	欧阳绛著

书 名	作 者
数学中的美学方法	徐本顺,殷启正著
中国古代数学思想	孙宏安著
数学证明是怎样的一项数学活动？	萧文强著
数学中的矛盾转换法	徐利治,郑毓信著
数学与智力游戏	倪进,朱明书著
化归与归纳·类比·联想	史久一,朱梧槚著

数学科学文化理念传播丛书·第二辑

书 名	作 者
数学与教育	丁石孙,张祖贵著
数学与文化	齐民友著
数学与思维	徐利治,王前著
数学与经济	史树中著
数学与创造	张楚廷著
数学与哲学	张景中著
数学与社会	胡作玄著

走向数学丛书

书 名	作 者
有限域及其应用	冯克勤,廖群英著
凸性	史树中著
同伦方法纵横谈	王则柯著
绳圈的数学	姜伯驹著
拉姆塞理论——入门和故事	李乔,李雨生著
复数、复函数及其应用	张顺燕著
数学模型选谈	华罗庚,王元著
极小曲面	陈维桓著
波利亚计数定理	萧文强著
椭圆曲线	颜松远著